DANS LA TÊTE D'UN MATHÉMATICIEN

PIERRE-LOUIS LIONS

Avec la collaboration de Thibault Raisse

DANS LA TÊTE D'UN MATHÉMATICIEN

humenSciences

Prolongez l'expérience avec la newsletter de Cogito
sur www.humensciences.com

ISBN : 978-2-3793-1131-4

Dépôt légal : octobre 2020

170 bis, boulevard du Montparnasse, 75014 Paris
Tél. : 01 55 42 84 00
www.humensciences.com

SOMMAIRE

PERSONNE NE COMPREND RIEN AUX MATHÉMATIQUES (ET MOI NON PLUS)

– Et sinon, qu'est-ce que vous faites dans la vie ?

– Je suis mathématicien.

Tous mes collègues savent que la discussion qui suit cet échange banal, dont nous faisons l'expérience des centaines de fois durant notre carrière, n'est pas commune aux autres métiers. Car dans notre cas, révéler que nous avons décidé de consacrer notre vie professionnelle à l'exercice des mathématiques ne peut entraîner que deux types de réactions – et seulement deux* – la plupart du temps exprimées après un silence gêné :

– Ah… Moi je n'ai jamais rien compris aux maths.

Ou bien :

– Oh ! J'adorais les maths !

* En fait, une troisième réaction a vu le jour récemment : « Est-ce que vous connaissez Cédric Villani ? »

Cette dernière réplique est moins rare qu'on ne le pense. Mais c'est bien entendu la première et son lot de soupirs qui s'offrent à nous le plus souvent.

Confrontés à cette rengaine et dès lors qu'il est impossible d'échapper à la conversation qui suit, la plupart des mathématiciens ont développé trois grandes stratégies d'évitement : le changement ostensible de sujet de discussion (pour le plus grand soulagement de toutes les personnes présentes), le retour lifté de fond de cours (« Et vous, que faites-vous ? ») et la pirouette accompagnée d'un sourire (« Je n'ai jamais rien compris aux maths moi non plus »).

En règle générale, l'affaire s'arrête là. Mais pas toujours. Il arrive que l'interlocuteur insiste. Qu'il veuille à tout prix creuser le sujet, vous acculer, chercher des arguments lui permettant de conclure que non, vraiment, on aura beau chercher, les mathématiques, ça ne rime à rien.

– Il y a encore des choses à découvrir en maths ?

Ou cette version plus fréquente :

– Les maths, au fond, ça sert à quoi ?

Là, j'ai une petite accroche. Je fais partie des mathématiciens qui s'intéressent aussi bien aux aspects théoriques qu'aux applications *pratiques*. Il m'est donc *facile* de donner quelques exemples concrets pour donner la réplique à mon contradicteur. Après quoi, la conversation reprend le plus souvent son cours normal, en dehors de toute considération mathématique, pour le plus grand soulagement de toutes les personnes présentes (j'insiste).

Ce type d'échanges ne surgit pas de nulle part. Il se produit généralement lorsque je prends l'avion ou le train. Plongé dans mon travail, j'alterne entre des phases de réflexion méditatives et des instants d'agitation fébrile durant lesquels je m'empare d'un bout de papier que je noircis de symboles obscurs, de lettres grecques, de schémas abscons et de mots tronqués dans une langue indéterminée. Le passager assis à mes côtés ne peut alors réprimer quelques coups d'œil perplexes jusqu'au moment où la curiosité, trop forte, finit par l'emporter.

Il arrive aussi parfois que le passager incrédule n'ose pas attaquer frontalement la question de ma profession. Il opte alors pour une approche moins intrusive :

– Pardonnez-moi, mais qu'êtes-vous en train d'écrire ?

Mon petit côté sadique me pousse généralement à le laisser deviner de quoi il retourne. D'autres passagers autour de nous se joignent parfois au débat, chacun faisant valoir ses arguments. Physique nucléaire ? Physique des particules ? Mécanique ? Astrophysique ? Informatique ? Je crois n'avoir jamais entendu une seule fois la bonne réponse.

Il y a quelques années, lors d'un vol long-courrier à destination du Japon, le chef de cabine est venu me trouver juste après l'atterrissage. Il m'a expliqué poliment que depuis des heures, l'ensemble du personnel navigant se grattait la tête sur la nature de mes gribouillis. La bonne réponse, m'a-t-il avoué, faisait même l'enjeu d'un pari. J'ai souri, puis écouté les suggestions de chacun des parieurs. Aucun n'est parvenu à résoudre cette mystérieuse énigme.

C'est donc entendu : personne ne comprend réellement les mathématiques.

Faut-il s'en inquiéter ? Bien sûr que non : les mathématiciens eux-mêmes ne comprennent – au mieux – qu'une toute petite partie de la discipline qui les occupe.

Mais alors, qu'est-ce qui peut donc les motiver ? Quel plaisir masochiste y trouvent-ils ? Comment comprendre qu'une théorie ou une démonstration puisse se voir accoler l'adjectif « belle » ou « jolie » ? Comment imaginer qu'un problème puisse obséder le mathématicien jour et nuit, le tournant et retournant mille fois dans sa tête, avant de finalement le laisser reposer pour mieux y revenir plus tard ? Comment décrire, une fois celui-ci résolu, l'intensité de ce sentiment de compréhension profond, surgissant comme un éclair ? Comment partager le bonheur de voir son travail, *ses* mathématiques, permettre de résoudre de manière concrète des problèmes scientifiques ou industriels ? Comment témoigner de la satisfaction ressentie lors d'un cours ou d'un exposé quand se dessine, dans les yeux et le sourire de ses étudiants ou de ses collègues, cette petite expression qui signifie « ça y est, j'ai compris » ? Comment souligner la spécificité des mathématiques parmi toutes les activités créatrices dont elle est une composante à part entière ?

Et surtout, comment répondre à toutes ces questions alors que ces fichues maths restent, pour l'essentiel de ce qu'elles recouvrent, une parfaite énigme à mes yeux ?

La réponse est simple. Elle fait écho à ce que se disent tous ces écoliers défaitistes confrontés à une leçon de maths qui leur résiste : je n'y arriverai pas.

Mais, au moins, je vais essayer.

1

RACINES CARRÉES

L'anecdote est fameuse dans ma famille.

Je devais avoir 9 ou 10 ans. Pendant les vacances que nous passions avec mes parents dans la région de Grasse, mon père avait l'habitude de s'éclipser en forêt pour bûcheronner. Ce matin-là, il m'a proposé de l'accompagner pour m'initier au maniement de la hache. Couper un arbre, débiter les rondins en bûches, tel était le programme de la journée. À ce moment de ma scolarité, je venais tout juste d'apprendre les formes géométriques de base, comme le cercle. J'avais touché du doigt les notions d'aire, de circonférence, de diamètre, de rayon, mais guère plus. Observant un rondin qu'il s'apprêtait à fendre en deux, mon mathématicien de père a marqué un temps d'arrêt, puis s'est adressé à moi.

– En fin de compte, ce rondin n'est rien d'autre qu'un cylindre, a-t-il résumé.

La phrase m'a fait tilter. C'est vrai, ça : un cylindre, ce n'est pas qu'une idée abstraite. C'est aussi, parfois, un simple rondin de bois. Amusant. Mon père n'en avait pas fini.

– À ton avis, comment calcule-t-on son volume ?

J'ai réfléchi peut-être une seconde.

– C'est l'aire multipliée par la longueur, non ?

Il a souri. J'ai cru déceler dans ses yeux un brin de fierté.

– Bravo.

Mon père m'a ensuite demandé l'aire de la surface du rondin-cylindre. Là encore, ma réponse s'est révélée correcte (je vous épargne la formule). La question suivante était nettement plus difficile : l'aire de la surface d'une boule de pétanque, c'est-à-dire d'une sphère. Après quelques instants de réflexion basée sur les cas précédents, j'ai deviné la bonne réponse sans avoir la moindre certitude. Dernière question : le volume de la boule de pétanque. Par analogie avec les couches concentriques d'un oignon et le passage de la circonférence à l'aire d'un cercle d'une part et en comparant avec deux cylindres d'autre part, là encore j'ai deviné et ai proposé la bonne réponse. Bref, un semblant de raisonnement, un zeste d'intuition et surtout beaucoup de chance. Je ne pouvais savoir que ces caractéristiques joueraient un grand rôle dans ma future vie professionnelle.

Livrer cette anecdote en préambule ne vise pas à me présenter comme le petit génie que je n'étais pas, ou le grand (vieux) génie que je ne suis pas davantage devenu cinquante-cinq ans plus tard. Au contraire, s'il est un message que j'aimerais transmettre à travers ces pages, c'est celui-ci : les mathématiciens sont des gens comme les autres. Je veux en finir avec l'image du savant fou asocial, presque autiste, qui travaille en ermite à la lueur d'une bougie face à un vieux tableau recouvert d'équations illisibles et incompréhensibles. Si ce type de profil a pu exister par le passé et subsiste parfois encore, il est aujourd'hui une rareté dans ma discipline et dans les sciences en général, y compris au niveau le plus élevé.

En réalité, l'histoire ci-dessus est probablement mon unique *fait d'armes* de jeunesse et ne témoigne en rien d'un éclair de génie. Il est le produit d'une intuition, peut-être un brin précoce, et encore. Aux lecteurs qui s'imaginent que je m'apprête à raconter la découverte de mon premier théorème à l'âge de trois ans et demi, préparez-vous à être déçus. Mais cette anecdote révèle un autre trait de caractère, celui-ci largement partagé par mes pairs, et dont je me revendique sans aucun complexe : la curiosité.

Mettre en avant le pouvoir de la curiosité plutôt qu'une forme d'intelligence supérieure voire métaphysique n'est pas une posture de faux modeste. C'est avant tout une manière de démystifier une discipline encore trop gangrénée par de vieux clichés éculés. Certains mathématiciens eux-mêmes se plaisent à entretenir le stéréotype du fou génial. Difficile de ne pas y voir un sentiment de supériorité à peine masqué. À les entendre, telle grande découverte serait le fruit d'un moment de grâce presque divine, qui aurait livré en un éclair la clé d'un problème contre lequel toute approche rationnelle avait résisté durant des dizaines d'années. Ce genre de récit me rend perplexe, le mot est faible. Les mathématiques sont le règne du raisonnement et de la logique. Rien ne vient du ciel : tout s'y démontre, tout s'y explique.

D'où vient mon insatiable curiosité ? Il y a sans doute un peu d'atavisme dans cette particularité. Mon père était un grand curieux. Mon grand-père paternel aussi, à sa manière. Du haut de la maison familiale, sur les hauteurs de Grasse, il aimait observer l'horizon qui se confondait avec la Méditerranée, où l'on distinguait parfois la Corse par temps clair. Un matin tôt, et alors que mon père était présent, il s'est interrogé à haute voix : « Est-ce la Corse que je vois, ou est-ce que j'aperçois seulement son image par réflexion de la lumière sur la mer ? » Il penchait assez naturellement pour la seconde option, mais manquait d'arguments. Un peu pris de court, mon père, qui sentait que la question lui était destinée, avait admis ne pas connaître la réponse. « Bon, je vais faire les calculs », a tranché mon aïeul, pour en avoir le cœur net. Il s'est exécuté sans attendre. Après quoi, il a soumis sa démonstration à mon père. Tout était rigoureusement exact.

J'ai sûrement hérité des gènes de la curiosité qui circulent dans la famille. Ils ont tôt fait de se manifester, à en croire ma mère. Elle m'a souvent dit que quand j'étais enfant – bébé, même – je ne posais pas simplement le regard sur les choses ou les gens : je les scrutais, comme si je cherchais à comprendre leur fonctionnement. Je ne sais pas précisément d'où vient ce trait de caractère.

Beaucoup de curieux partagent un même point commun : celui d'être angoissé. Assouvir sa curiosité est alors une manière de comprendre son environnement et, d'une certaine manière, de le contrôler en ne laissant aucune place au hasard ou à l'inconnue. Est-ce mon cas ? Plus maintenant, mais j'étais un adolescent et un jeune homme plutôt anxieux, c'est vrai. Vers l'âge de 20 ans, alors que je faisais mes classes préparatoires, il m'arrivait de me réveiller en pleine nuit et de me lancer dans un inventaire des tâches à accomplir dans la journée à venir. Bien entendu, retrouver le sommeil dans ces conditions était vain et je ruminais les yeux ouverts jusqu'au petit matin. Dresser au milieu de la nuit des listes de choses à faire est un sport que je pratiquerai longtemps.

Cette nature anxieuse a disparu à la naissance de mon fils, quand j'avais 26 ans. Mais le besoin de contrôler mon environnement, lui, ne m'a jamais vraiment quitté. Je suis quelqu'un d'assez autoritaire dans le travail, je l'admets. Je n'aime pas laisser la place à l'arbitraire dans la conduite de mes travaux, quand bien même le hasard des rencontres a joué un rôle important dans quelques-unes de mes réussites. J'y reviendrai. Mais je crois qu'il ne faut pas à tout prix chercher une explication psychologique à cette soif de connaissance. La plupart des informations dont je m'abreuve n'ont aucune utilité. Je suis curieux car j'aime apprendre. Et j'aime apprendre plus que j'aime savoir. Voilà tout.

Revenons à mes origines, qui livrent quelques clés de ce goût précoce pour le plaisir de la découverte. Fils unique, je suis né à Grasse le 11 août 1956. La sous-préfecture des Alpes-Maritimes constitue le fief familial : mes parents y sont nés, et mon grand-père paternel, Honoré Lions, fut premier adjoint et maire sans étiquette – plutôt tendance radical-socialiste – de la ville pendant deux décennies après la Seconde Guerre mondiale. Jeune homme, il avait entrepris des études d'architecture interrompues par la guerre et sa rencontre avec ma grand-mère. Il avait alors rejoint l'entreprise de serrurerie de son père. J'ai peu connu mon grand-père maternel, un journalier décédé accidentellement dans une carrière quand j'étais tout jeune enfant.

Honoré était un homme au caractère bien trempé. Il faisait partie de cette catégorie d'élus propulsés sur la scène politique locale à la faveur de leurs états de service pendant la Résistance dont il fut une figure régionale. La logique des partis ne l'a jamais intéressé. Il s'est retiré de la vie politique à partir du moment où les mandats locaux ont été contaminés par les manœuvres d'appareil et par l'apparition de véritables professionnels de la politique. Il s'en est toujours tenu à l'écart et n'a jamais daigné organiser la moindre réunion publique pour se faire réélire. « À quoi servent ces gesticulations ? Mon bilan parle pour moi », estimait-il. Il ignorait et voulait ignorer qu'en politique, le bilan ne suffit pas toujours. Cette simplicité teintée de fermeté voire d'inflexibilité est caractéristique de l'atmosphère familiale dans laquelle j'ai grandi.

J'ai vécu mes premiers mois dans cette demeure familiale modeste construite par mes grands-parents paternels dans la capitale de la parfumerie. Cette résidence et celle de mes grands-parents maternels à Andon, dans l'arrière-pays grassois, à une trentaine de kilomètres de Grasse, seront les endroits où je passerai essentiellement toutes mes vacances, y compris l'hiver où je profiterai de la neige et de la petite station de ski familiale à Andon pendant les vacances de fin d'année, de février et même de Pâques. Hélas, le dérèglement climatique et le réchauffement que nous vivons ne permettent plus une telle période de ski. Dans ce petit village, j'aime le calme, la sérénité, le relief, les portables qui ne passent pas, la cueillette des cerises, prunes, noisettes, champignons… Je m'y étais fait une bande d'amis fidèles avec qui j'allais skier ou nager, en fonction de la météo et de nos humeurs. Je suis resté proche de mes racines et je me considère encore aujourd'hui comme un garçon du Sud et de ses montagnes.

L'été de ma naissance passé, mes parents m'emmenèrent à Nancy, où mon père était professeur d'université et où nous sommes restés jusqu'à l'année de mes 6 ans. Tenter de minimiser l'influence de mon père, réelle ou supposée, sur ma vie professionnelle, serait voué à l'échec. Jacques-Louis Lions était l'un des mathématiciens français les plus en vue de son temps. Après sa scolarité à Grasse, il avait intégré les classes préparatoires à Nice. Pendant la guerre, suivant l'exemple de son père, il avait lui aussi rejoint la Résistance à l'âge de seulement 14 ans. À ma naissance, il venait de finir sa thèse d'État après l'École normale supérieure de la rue d'Ulm, rédigée sous la direction de Laurent Schwartz, premier Français lauréat de la médaille Fields en 1950, l'équivalent du prix Nobel en mathématiques. L'université de Nancy était alors un haut lieu des mathématiques, où officiaient à la fois Laurent Schwartz, Henri Cartan et Jean Dieudonné, autres grandes figures françaises de la discipline de l'après-guerre.

À la maison, mon éducation était assez similaire à celle vécue à l'époque par de nombreux enfants de province issus de familles modestes. Les règles y étaient à la fois nombreuses, strictes et plutôt datées. La menace du martinet était encore présente. Mon père, éduqué à la dure, avait conservé la pudeur typique des hommes de la montagne. Je savais qu'il m'aimait, mais il considérait sans doute que manifester ses sentiments pouvait constituer un signe de faiblesse. Il lui fallait m'inculquer les valeurs qu'on lui avait transmises : un homme doit être fort. Ne pas avoir peur. Ne pas demander de l'aide. Ne pas pleurer. J'ai tôt fait de retenir la leçon. À l'âge de 4 ou 5 ans, il n'hésitait pas à m'envoyer en pleine nuit à la cave qui nécessitait de traverser tout le jardin, afin de me vacciner contre la peur du noir. Ce genre de rite initiatique m'a endurci, sans pour autant me rendre aussi pudique que l'était mon père. Je n'ai jamais eu peur de pleurer ou de me laisser aller à mes émotions pour une raison simple : je me suis toujours senti suffisamment solide pour ne pas craindre de laisser s'exprimer ma sensibilité. Aujourd'hui encore, il m'arrive de verser quelques larmes à la fin d'un film et, si je n'en tire aucune gloire, je n'en ai pas davantage honte.

Une anecdote illustre bien les valeurs traditionnelles dans lesquelles j'ai baigné étant enfant et mon souci d'en être le digne représentant. À Nancy, mes parents avaient sympathisé avec une famille de notables bien connue de la région. Un soir – je devais avoir 5 ans – nous sommes allés dîner chez eux. Dans la voiture, mes parents m'ont abreuvé de recommandations sur la nécessité de bien me tenir, d'être poli, de ne pas commettre d'impairs. J'ai acquiescé, conscient de l'enjeu. Peut-être un peu trop. Une fois arrivés chez nos prestigieux hôtes, je me suis approché de la maîtresse de maison et je lui ai fait le baisemain. Tous les convives en sont restés littéralement bouche bée. Durant toute la soirée, la maîtresse de maison, émerveillée, n'a cessé de chanter les louanges de cet enfant si bien élevé devant mes parents à la fois médusés par mon initiative et ragaillardis par ce torrent de compliments.

Cette forme de sévérité – plutôt de fermeté – dans les principes éducatifs *carrés* qui m'ont été inculqués allait de pair avec des préjugés sur les mœurs caractéristiques de l'éducation provinciale, voire rurale, que mes parents avaient eux-mêmes reçue. Heureusement, mon père, grâce à son intelligence et à son milieu professionnel, allait évoluer considérablement. Probablement pas assez vite à mon gré, et ce que je jugeais comme des préjugés grotesques seront sources de discussions animées voire de disputes durant mon adolescence. Je dois ici ajouter que je n'ai jamais manqué d'amour : si mon père se contentait de communiquer l'affection qu'il avait pour son fils par des regards attendris, ma mère n'hésitait jamais à me couvrir de câlins sans la moindre retenue.

Après Nancy et un bref retour pour moi à Grasse pendant un an, nous nous sommes installés à Paris, dans le 15e arrondissement, près de la porte de Versailles. Mon père, pionnier des mathématiques appliquées, allait bientôt prendre la tête, après en avoir été l'un des fondateurs, du futur Institut de recherche en informatique et en automatique, l'Inria. J'avais 7 ans et je venais d'arriver en CE1 après avoir sauté ma classe de CP où j'étais resté seulement deux semaines. J'avais appris à lire et à écrire tout seul avant d'entrer à l'école en m'amusant et par curiosité. De la même manière, j'avais appris à compter en jouant avec mes cubes. J'aimais l'école primaire, mais sans passion. J'étais très bon élève, comme il en existe des milliers. Je n'ai jamais été considéré comme un surdoué. D'ailleurs, aux leçons qui ne m'enthousiasmaient guère, je préférais les copains et les jeux. Pas de copines en ce temps-là : l'école n'était pas encore mixte.

J'étais un garçonnet plutôt timide. Mon arrivée au collège n'a rien arrangé à l'affaire. Je compensais ce trait de personnalité par un flot de paroles ininterrompu. J'étais un élève à la fois bavard et sociable, deux caractéristiques qui m'ont attiré la sympathie de mes camarades et protégé de l'étiquette de l'intello qu'on martyrise à la récré. Une autre particularité m'en préservait : je dominais d'une tête les autres garçons.

Lorsqu'un *grand* menaçait un *petit*, je m'interposais naturellement et sans prendre trop de risque, tant j'en imposais. Si ma stature ne suffisait pas à ramener la paix, j'essayais de désamorcer la crise par une boutade plutôt que de céder à la bagarre. Je m'appliquais à trouver la bonne phrase, la réplique qui tue capable de désarmer le belliqueux, voire lui arracher un rire dans le meilleur des scénarios. Dans la grande majorité des cas, cette stratégie portait ses fruits.

J'ai conservé ce goût du *bon* mot, celui qui prend l'assistance de court et dédramatise en un éclair la solennité de l'instant. Aujourd'hui encore, en préambule de mes conférences où flotte parfois une atmosphère un brin pontifiante, je n'aime rien tant que lâcher un trait d'esprit, ou ce que je crois être un trait d'esprit, au moment où le public s'y attend le moins. Effet démystifiant garanti. Je me souviens d'avoir participé, il y a quelques années lors des Rencontres économiques d'Aix-en-Provence, à une table ronde avec des économistes et des responsables politiques de différents pays. Thème de mon intervention : la finance mathématique. Rien d'hilarant à première vue. À la fin de mon intervention, le modérateur de la table ronde a pris la parole pour dire : « Pour être honnête, je ne suis pas sûr d'avoir tout compris, mais je tire au moins un enseignement, c'est que les mathématiciens peuvent avoir de l'humour. » Un cliché balayé, c'est toujours ça de pris.

Le plaisir de faire rire masquait ma tendance naturelle à la pudeur, mais aussi et surtout cette timidité qui ne m'a jamais vraiment quitté. À 40 ans encore, avant de téléphoner à quelqu'un que je ne connaissais pas, il m'arrivait de préparer mes répliques à l'avance pour m'assurer d'être le plus clair possible et ainsi éviter d'être pris au dépourvu. J'ai aussi longtemps eu un trac épouvantable avant de présenter un exposé en public. Il n'était pas rare que je file vomir aux toilettes quelques minutes avant le début de mon intervention. S'exprimer devant deux mille personnes n'a rien de naturel et c'est encore plus vrai en ce qui me concerne. Heureusement, la pratique aidant, le désagrément a fini par disparaître.

J'ai intégré le lycée public Buffon, proche de notre appartement parisien, en conservant mon année d'avance acquise en CP. De très bon écolier, je suis devenu excellent élève. Déjà habitué aux premières places dans les classements de fin d'année, voilà que je prenais désormais le large face à mes *poursuivants*. Je bouclais mes devoirs pendant les intercours en quelques minutes, tant et si bien que je n'avais plus de travail une fois rentré à la maison, au grand mécontentement de mes parents qui désespéraient de me voir lire un roman ou écouter un disque au lieu de remplir mes cahiers.

Mon côté indiscipliné s'est accentué lui aussi. J'ai passé plus d'une fois un mauvais quart d'heure dans le bureau du censeur pour des motifs variés, mais le plus souvent liés à mon insolence. Une de mes victimes fut une année le professeur de musique. J'étais – et je reste – un mélomane enthousiaste, mais son approche poussiéreuse de la matière m'horripilait. Lors d'une interrogation écrite, à la question « que signifie le mot *opéra* ? », j'ai cru bon de répondre par cette pirouette : « Une station de métro, ou le pluriel de *opus* en latin. » À l'époque, ce genre de comportement valait à son auteur une exclusion, au moins temporaire. J'y échappais à chaque fois et j'en étais quitte pour un bon sermon. Pour une raison simple : mes excellents résultats scolaires me rendaient intouchable. J'avais repéré cette faille dans le système et, comme l'aurait fait n'importe quel enfant de mon âge, je m'y suis engouffré avec allégresse.

Ce statut d'intouchable, j'en testerai les limites avec une certaine dose d'insolence. À la cantine du lycée Louis-le-Grand, où je fus élève à partir de la terminale, je me suis une fois amusé à lancer une bataille de frites épique, sans me préoccuper une seconde du travail de nettoyage que cela représenterait pour le personnel d'entretien. Le surveillant n'en a rien raté et s'est approché de moi, prêt à déverser son courroux. Il m'a demandé quelle était ma classe. En entendant qu'il avait affaire à la crème du lycée, il a ravalé son sermon et tourné les talons. Encore une fois, le sexagénaire que je suis aujourd'hui ne tire aucune fierté de ce genre d'exploit, mais le gamin de 17 ans que j'étais alors s'en délectait.

Sans grande surprise, les matières scientifiques avaient mes faveurs. J'avais des facilités et, surtout, j'étais d'une très grande rapidité à l'heure de résoudre un problème. La curiosité, encore. Curiosité qui s'est manifestée très tôt : à l'âge de 6 ou 7 ans, alors que ma mère et moi accompagnions mon père pour un congrès à Ravello en Italie, j'ai observé la Lune et demandé à mon père : « Que se passerait-il si la Lune n'était pas là ? » J'avais vaguement entendu parler de l'influence de notre satellite naturel sur les marées et j'en avais tiré une énigme dont j'avais envie de connaître la solution. Point de génie ou d'aptitude pour le maniement des chiffres, mais la simple volonté de mieux comprendre par une expérience mentale. Ici réside mon goût pour les sciences : elles constituent un terrain de jeu naturel et idéal pour ce type d'exercices de la pensée.

J'étais à l'aise en langues, grâce à ma bonne oreille. L'histoire ou la géographie ne me posaient pas davantage de difficultés. J'étais abonné à la revue *Tout l'univers*, destinée aux 12-17 ans. J'en dévorais chaque numéro, me constituant du même coup une solide culture générale et de quoi satisfaire, encore une fois, mon intarissable curiosité. Sans être mauvais, je n'étais pas aussi performant en rédaction. Je ne manquais pas d'idées, mais j'avais du mal à les mettre dans le bon ordre. J'avais toutes les peines du monde à placer des transitions là où il fallait. Résultat, je jetais des « donc » et des « c'est pourquoi » un peu au hasard. Je m'en suis ouvert à l'un des amis de mon père, ancien normalien littéraire, craignant que le problème ne s'aggrave à l'heure de rédiger de longues dissertations. « Ne t'en fais pas, a-t-il balayé. Tu lis beaucoup de livres et tu as de la mémoire : contente-toi de citer tous les auteurs que tu as lus. » La ficelle me paraissait un peu grosse et la peur de passer pour un petit prétentieux me déplaisait. Je l'ai néanmoins appliquée. Elle a fonctionné à merveille.

À la maison, et malgré l'affirmation de mes aptitudes en sciences, mon père n'a jamais été tenté de me *coacher* pour faire de moi une future bête à concours. Avec ma mère, il suivait de près mes résultats scolaires mais ne ressentait pas le besoin de me tester pour voir jusqu'où mes capacités pouvaient me mener. Peut-être avait-il senti que je pourrais marcher sur ses traces, mais il n'avait aucune intention de précipiter le destin, ni même de s'en mêler. Peut-être avait-il aussi senti des différences dans notre approche des mathématiques et de la science en général. Mon père était un bosseur infatigable doté d'un sens de la logique rare. De mon côté, je me suis toujours considéré comme un intuitif. Je *vois* ou je *devine* les raisonnements davantage que je ne les découvre par construction ou déduction.

La musique était absente de la maison. C'est grâce aux copains que j'ai découvert les Beatles, les Stones et plus tard Santana, Deep Purple ou les Doors. Dès lors, la musique ne me quittera plus. Je suis un mélomane passionné, le mot n'est pas trop fort. Du rock au rock progressif et au jazz-rock, je dériverai peu à peu vers le jazz puis la musique classique, sans jamais abandonner le rock voire le métal avec des groupes comme Russian Circles, Tool, OSI ou Rammstein. À l'âge de 13 ou 14 ans, mes parents m'ont autorisé à assister à mes premiers concerts. Aujourd'hui encore, ma journée commence immanquablement par une séance de gymnastique sur un morceau énergique.

Ma scolarité ne constituant pas un sujet de préoccupation, les soirées à la maison étaient dédiées à la détente et au partage. Après le dîner, quand je n'étais pas le nez dans un bouquin, la famille se réunissait devant la télé, installée dans la chambre de mes parents. Nous regardions des séries – j'avais un faible pour *Chapeau melon et bottes de cuir* – allongés tous les trois sur le lit parental. Mais la plupart du temps, je préférais me plonger dans un roman. J'aimais qu'on me raconte des histoires. Avant 12 ans, j'avais déjà lu tout Jules Verne, une grande partie de la Bibliothèque verte, Jack London… Et je me suis attaqué aux grands classiques de la littérature. J'avais toujours un livre sur moi et ma rapidité à boucler mes devoirs me laissait du temps pour lire, environ un bouquin par jour ! Je lisais aussi pas mal d'ouvrages en anglais avec, à 13-14 ans, des romans policiers faciles. J'ai commencé l'anglais dès la sixième, poussé par mon père qui avait mal vécu de devoir rattraper à l'âge adulte, les lacunes du système éducatif français en la matière. C'était là l'une des rares marques d'interventionnisme parental dans mon parcours scolaire.

Au lycée, mes goûts littéraires sont devenus plus éclectiques. J'ai découvert les littératures de l'imaginaire, Asimov, Philip K. Dick., Tolkien bien sûr. Et les polars, Conan Doyle, Raymond Chandler, Dashiell Hammett. Sans oublier la littérature russe, les BD, la littérature sud-américaine puis japonaise… Bref, je dévorais tout ce qui me tombait sous la main ! La lecture me faisait du bien, parce qu'elle me débranchait du réel. Ce travail d'imagination a-t-il un lien avec la nécessaire capacité d'abstraction qu'exigent les mathématiques ? Peut-être. Mais ce qui est certain, c'est que si j'aime les maths et les sciences en général, la musique et la littérature m'émeuvent bien plus que les mathématiques. Pour ce qui est de me faire vibrer, un roman ou une nouvelle de Carver ou de Borges aura toujours le dessus… Outre la charge émotionnelle de l'œuvre, une autre différence joue peut-être un rôle important : l'écrivain ou le(s) musicien(s) nous présentent une œuvre finie, aboutie. Pour les mathématiciens, il va autrement et notre histoire est perpétuellement en chantier. Une histoire sans fin…

2

AU *NON* DU PÈRE

Dès le collège et jusqu'au bac, mon orientation vers une carrière scientifique n'a jamais fait aucun doute. Résoudre un problème était une corvée pour beaucoup de mes camarades. C'était pour moi un jeu, un défi de l'esprit que je me plaisais à relever.

En sixième, alors que je planchais sur un contrôle de maths à la difficulté toute relative, je m'étais amusé à proposer deux démonstrations différentes permettant d'aboutir au même résultat. Celui-ci était juste, mais le professeur, un brin « vieille école », n'a pas apprécié ce qu'il a dû considérer comme de la prétention. Il m'a retiré un point, accompagné de cette remarque en marge de la copie : « En mathématiques, il n'y a qu'UNE bonne démonstration. »

J'étais convaincu qu'il avait tort et que j'étais victime d'une *injustice*. Je m'en suis ouvert à mon père. Il était furieux et m'a donné raison, confirmant la validité de mes deux raisonnements. Je crois que c'est la seule fois de toute ma scolarité où il s'est directement mêlé de l'enseignement des mathématiques qui m'était prodigué. Il aurait sans doute eu beaucoup à dire par ailleurs, mais il préférait se tenir à l'écart de mes livres et cahiers, sans doute par respect pour l'institution scolaire. De mon côté, et hormis ce précédent, je me gardais bien de le solliciter.

Mon année de troisième a constitué un déclic supplémentaire. C'est peut-être à ce moment précis que ce qui était un jeu s'est transformé en vague idée de carrière. Cette année-là, ma professeure de mathématiques, une dame assez âgée, souffrait d'une maladie grave qui la fatiguait beaucoup. Après quelques semaines de cours, constatant que je survolais le programme, elle m'a proposé de faire la leçon à sa place – sans pour autant quitter la salle, bien évidemment. « Lions, pouvez-vous passer au tableau, je vous prie ? » Je m'exécutais sans trop d'appréhension, ma sociabilité et mon sens de l'humour appréciés des autres élèves me protégeant du statut de fayot. Je lisais rapidement le cours du jour, puis passais au tableau pour expliquer avec mes mots ce que j'en comprenais. La prof écoutait, validait ou corrigeait au besoin. C'est la première fois que j'expérimentais le plaisir de la transmission. J'aimais ça et les bulletins de mes camarades ont montré que je n'étais pas mauvais dans l'exercice. Il m'a surtout permis de toucher du doigt une vérité fondamentale : on ne comprend vraiment quelque chose qu'en l'expliquant à autrui. Alors que l'année scolaire touchait à sa fin, ma prof s'est inquiétée de son apport réel à ma culture mathématique.

– Lions, vous ai-je seulement appris quelque chose ?

– Bien sûr, madame. Je ne connaissais pas le cours avant de le lire !

Cette expérience m'a beaucoup marqué. Elle a aussi forgé une conviction qui ne m'a jamais abandonné : à de rares exceptions près, tout le monde peut comprendre les mathématiques en prenant son temps. Il n'y a pas de bosse des maths qui exclurait de son champ tous ceux qui en sont dépourvus. On accepte sans problème que d'autres courent plus vite que soi et, pourtant, on ne s'interdit pas de faire du footing ni d'améliorer son chrono à force d'entraînement. Les maths ne sont pas différentes. Maîtriser les mathématiques est un projet ardu. Mais s'y habituer, en y consacrant du temps et de la bonne volonté, est à la portée de chacun.

Ce constat ne doit pas occulter que certains ont des facilités. C'était mon cas. Mais posséder un don, quel qu'il soit, n'a rien à voir avec l'intelligence. L'intelligence est le produit d'une combinaison d'attributs : la faculté d'adaptation, l'empathie, la capacité à comprendre et à rendre compte, entre autres aptitudes. Je suis persuadé que l'intelligence est une qualité bien répartie parmi la population et, surtout, qu'elle n'a rien à voir avec l'instruction. Quand je retourne à Andon et que j'échange avec des anciens du village, l'intelligence est partout présente malgré une éducation scolaire souvent courte.

Comme pour toute discipline du corps ou de l'esprit, mes facilités en mathématiques relèvent à la fois d'une part d'inné et d'acquis. Dans quelles proportions exactes ? Je l'ignore. La part d'inné est indiscutable et ne m'octroie d'ailleurs aucun mérite. Concernant l'acquis, j'ai eu la chance de grandir dans un foyer privilégié où l'éducation, la logique et la culture étaient omniprésentes. Au chapitre des acquis, j'ajouterais les rencontres permises par les hasards de la vie. Ma prof de maths souffrante de troisième compte parmi celles qui ont fondé le mathématicien que je suis devenu. Grâce à elle, j'ai pris conscience de mes capacités, mais au-delà, j'ai pris confiance en celles-ci.

Pour la première fois, je me suis vraiment rendu compte que je courais plus vite que les autres élèves.

À la fin de cette année de troisième fondatrice, mes parents ont été conviés à assister à un conseil de classe. Je ne crois pas qu'ils s'y soient rendus la boule au ventre. Au milieu des louanges vantant mes bons résultats, le professeur de physique s'est distingué, se montrant plus enthousiaste encore que ses collègues. Selon lui, mes bulletins me destinaient à intégrer à terme la prestigieuse École polytechnique. Je crois que jusque-là, mon père n'avait pas conscience que je sortais du lot à ce point dans ma classe. En rentrant à la maison, il a partagé la confidence du prof de physique avec moi. J'ai revu ce petit éclat de fierté dans ses yeux, plus puissant que bien des mots. Je ne crois pas qu'il fallait y voir le plaisir de m'imaginer marcher sur ses traces, mais le simple bonheur que chaque parent ressent en recevant un compliment sur sa progéniture.

En vérité, mon père n'avait aucune envie que je suive la même voie que la sienne. Il y a une explication à cela. À la maison, les mathématiciens de haut vol constituaient l'essentiel de nos convives. Pour être honnête, je ne les trouvais pas tous géniaux, ni particulièrement fascinants. Certains me paraissaient un peu bizarres, voire anormaux, si tant est que la normalité existe. L'un de ceux qui en imposaient le plus sur ma jeune personne était Laurent Schwartz. Non content d'être l'un des plus brillants mathématiciens de sa génération, il avait aussi de l'humour et partageait avec mon père le souci de ne pas se prendre trop au sérieux. Il avait un fils, Marc-André, âgé d'une quinzaine d'années de plus que moi, excellent élève, qui s'est lancé à corps perdu dans les mathématiques. Malgré tous ses efforts, il peinait à égaler le niveau de son père et cela l'affectait beaucoup. Il s'est suicidé en 1971. Cette fin tragique trouvait sans doute sa source dans des problèmes dépassant le simple cadre de l'activité mathématique, mais je crois que mon père l'attribuait avant tout à la déception de ne pas pouvoir supporter la comparaison avec son brillant géniteur. En plus de l'attrister, cette terrible anecdote a profondément marqué mon père. Il ne s'en est pas caché : il préférait que je me tienne éloigné des maths. Il craignait que je subisse la même déconvenue, aboutissant peut-être aux mêmes terribles conséquences.

C'est sans doute pour cette même raison que mon père, plutôt que de désigner l'excellence scolaire comme unique horizon du jeune homme que j'étais, insistait tant sur la notion d'équilibre. Pendant mes années de lycée, il se félicitait que je m'intéresse à la musique ou à la littérature et m'encourageait aussi à pratiquer des activités sportives. Après une expérience de haut niveau en natation, mon gabarit m'a naturellement poussé vers le rugby, devenu ma grande passion, et que je pratiquerai de manière intensive jusqu'à mon entrée dans la vie professionnelle. Ce principe qui consistait à ne pas résumer son existence à un seul centre d'intérêt, mon père se l'appliquait à lui-même. C'était un passionné de gastronomie, ou plus exactement, de nourriture.

Jeune adulte, un de mes premiers voyages professionnels eut lieu au Japon avec, à l'époque, une escale en Alaska. Je me souviens de mon père me prévenant au téléphone de ne surtout pas manquer la soupe à l'ours pendant l'escale. Plus tard, quand je parcourrai le monde à mon tour, il se fichera pas mal des thèmes abordés durant mes conférences. Une seule question le préoccupera : « Tu as bien mangé ? » Toujours ce souci de ne pas trop se prendre au sérieux, de rester ancré dans le réel, de profiter de plaisirs simples de la vie. Ma mère ne voyait pas les choses différemment, mais elle restait en retrait. Leur relation était un peu vieux jeu, comme souvent à cette époque : femme au foyer, elle était au service du *grand homme* et de l'éducation de son fils unique. Je crois que mener à bien ces deux missions suffisait à la rendre heureuse ou du moins à se persuader qu'elle l'était.

Arrivé en terminale, je n'avais plus de doute sur mon souhait de poursuivre une carrière scientifique. Mais quelle discipline privilégier et surtout pour quoi faire ? Physique, mathématiques, chimie : j'étais bon partout. Dès lors, deux options s'offraient à tous les élèves au profil scientifique : devenir enseignant-chercheur ou ingénieur. À l'approche du baccalauréat, je n'avais toujours pas tranché. Mon cœur penchait légèrement pour la deuxième option : la recherche théorique, abstraite, ne m'attirait pas. Mon plaisir, c'était de me voir poser un problème concret et de tenter de le résoudre. Pour peu que l'on s'y attarde, les sciences en général et les mathématiques en particulier sont partout autour de nous, dans la nature, comme dans les réalisations humaines. Quand mon père m'a montré son rondin prêt à être fendu, je n'y ai pas vu un morceau de bois, mais un objet mathématique cylindrique que mon esprit était invité à disséquer et à mesurer.

Malgré mes hésitations, une certitude était acquise : je me destinais quoi qu'il arrive à intégrer une classe préparatoire scientifique. Ces deux années d'études, pensais-je, me laisseraient le temps de faire mon choix en gardant ouvertes les deux options : fac ou Normale sup d'un côté, et grande école d'ingénieurs de l'autre. Sans suspense, j'ai décroché mon bac très facilement, obtenant une mention très bien, comme une bonne partie de mes condisciples d'une terminale ultra-sélective de Louis-le-Grand. Parmi mes camarades figurait un certain Thierry Breton. Honnêtement, il ne faisait pas partie du peloton de tête de classe. Cela ne l'empêchera pas d'intégrer une grande école et de devenir, vingt-cinq ans plus tard, président de France Télécom puis ministre de l'Économie et même récemment commissaire européen !

Les cours de prépa se sont révélés d'un ennui total. C'était le règne de l'abstraction, où toute réflexion personnelle était mise à l'écart au profit d'un apprentissage purement scolaire et robotisé où l'on se devait d'ingurgiter du théorème ou des recettes scientifiques par palettes. Une entreprise de conditionnement et de décérébration, ni plus ni moins. J'avais envie de me confronter aux sciences du réel, celles qui permettent d'éclairer le monde qui m'entoure en résolvant des problèmes concrets qui sollicitent mon imagination. Visiblement, ce n'était pas pour tout de suite. Les cours de chimie organique étaient de loin les plus ennuyeux. Cette contrariété ne m'empêchait pas de survoler une nouvelle fois le programme, me laissant du temps libre pour tuer l'ennui.

La prépa est souvent vécue par beaucoup d'étudiants comme un purgatoire douloureux mais nécessaire. Mon souvenir est davantage celui d'une récréation géante. J'ai séché nombre de cours, profitant de l'impunité offerte par mes bons résultats. Ici, rebelote : mon statut de future bête à concours me mettait à l'abri de toute récrimination.

J'ai embarqué dans mes échappées belles un camarade de classe : mon ami Jean-Christophe Yoccoz, avec qui j'étais déjà scolarisé en dernière année de lycée. D'ailleurs, en terminale, à l'heure de disséquer Nietzsche et Hegel, nous allions faire une partie de basket dans la cour et jouer au flipper ou aux cartes dans un café, le plus souvent à L'Écritoire, situé place de la Sorbonne, à deux pas du bahut. Nous avons rapidement décidé d'étendre l'école buissonnière aux cours de dessin industriel, une vieille tradition de classe prépa aujourd'hui disparue censée nous introduire au métier d'ingénieur, et pour laquelle nous n'avions pas le moindre commencement d'intérêt. Nous avons aussi *raté* de nombreux cours de maths ou de physique, conscients qu'il n'y aurait rien de bien sorcier au moment de les rattraper. Là encore, aucune objection de la part de nos professeurs. Je crois pouvoir dire que les classes prépa et la maths sup en particulier furent deux années scolaires à mi-temps.

À l'heure du dernier conseil de classe à la fin de la maths sup, mes parents et ceux de Jean-Christophe furent convoqués. Il ne s'agissait pas de leur signaler nos après-midis buissonnières, bien au contraire : la direction suggérait que nous présentions le concours de Normale sup sans plus attendre, en faisant donc l'impasse sur la deuxième année de prépa. Nous en avions tous les deux les capacités, estimait la direction. Mes parents, comme ceux de Jean-Christophe, se sont opposés à cette idée, considérant que si nos neurones fonctionnaient à plein, nous manquions encore de maturité. Mon ami et moi partagions cette analyse : quand bien même le concours serait à notre portée, s'imaginer élève de la plus prestigieuse des formations scientifiques de France n'avait rien d'évident.

Reste que cette proposition m'a amené à resserrer mes options en vue de la fin de mes deux années de prépa. À l'évidence, mes résultats me permettaient de convoiter la crème des grandes écoles : Normale Sup si je décidais de m'orienter vers l'enseignement et la recherche, ou Polytechnique si mon choix se portait finalement sur une carrière d'ingénieur. À l'entame de mon année de maths spé, je tergiversais encore. Et pour cause : je n'avais aucune idée du métier précis que je voulais exercer. En revanche, mon goût pour les sciences au pluriel s'est affiné. Après mon année de sup, la chimie ne faisait plus partie de mon horizon professionnel. En revanche, mon goût pour les maths – au grand désarroi de mon père – et la physique étaient intacts.

Une nouvelle rencontre allait m'aider à trancher entre les deux matières. Mon professeur de physique de spé était un matheux enthousiaste. Il insistait souvent sur une notion que je connaissais, mais dont je n'avais pas saisi la profondeur : la physique, comme d'autres sciences dites dures, ne connaît pas d'autre langage que les mathématiques. Elles constituent son outil de base, son squelette, la charpente qui permet de faire tenir l'édifice. Sans elles, impossible de prouver la justesse d'un raisonnement ou de démontrer la validité d'une expérience. Je comprenais tout à coup que les physiciens ne se servent pas des maths tout à fait comme les mathématiciens mais que c'est un langage commun. J'étais séduit par l'idée que les mathématiques établissent des ponts entre les sciences en leur offrant ainsi un alphabet commun. Qu'elles n'aient d'utilité et de sens réel qu'en se mettant au service des autres. Surtout, j'aimais le champ des possibles qu'offrait cette approche : le choix de mes futurs sujets de travail ou de recherche devenait quasiment infini.

Cette deuxième année de prépa a aussi résolu cet ultime dilemme : recherche ou ingénierie ? Mon goût pour les problèmes concrets aurait dû naturellement m'orienter vers la seconde option et, donc, m'inciter à présenter le concours de Polytechnique. Mais des considérations toutes personnelles m'en ont empêché. J'étais un étudiant assez politisé, avec un penchant très net pour l'extrême gauche, fin des années 1960 et début des années 1970 oblige. Au catalogue de mes convictions, la défiance – pour ne pas dire le dégoût – envers l'institution militaire figurait en très bonne place. M'imaginer en uniforme et en armes en train de défiler à l'X à l'heure de la remise des diplômes me donnait des haut-le-cœur. Avec le recul, mon goût pour les mathématiques appliquées à des problèmes concrets aurait logiquement dû m'orienter vers Polytechnique. Mais à l'époque, le simple fait que l'X soit une école militaire suffisait à mes yeux à la disqualifier.

Les maths et Normale Sup. Mon choix était fait. Il me fallait désormais annoncer la nouvelle à mon père. Comme une manière de le rassurer, j'ai pris à la dernière minute la décision de présenter à la fois le concours de Normale Sup et celui de Polytechnique, mais avec l'unique intention d'intégrer la première formation. Le concours de l'X, qui se déroulait avant celui de l'ENS, ne devait constituer à mes yeux qu'une sorte d'échauffement prestigieux.

Mon père m'a écouté dérouler mon plan, l'air préoccupé. Je le sentais bouillir, mais il savait qu'en me sermonnant, il risquait de faire ressortir mon côté rebelle et bravache et, donc, de me braquer encore davantage.

– Et si tu échoues au concours de l'ENS et que tu réussis celui de l'X ? m'a-t-il demandé.

– Je n'irai pas. Je préfère m'inscrire à la fac.

Ma réponse n'a pas eu l'air de le contenter. Bien au contraire : en fermant la porte de la plus prestigieuse école d'ingénieurs du pays, je faisais clairement le choix d'une carrière dans la recherche, me rapprochant ainsi du modèle paternel et ravivant du même coup les douloureux souvenirs de la tragédie vécue par son maître Laurent Schwartz.

Restait une dernière zone d'ombre que mon père devait éclairer pour tenter d'éloigner pour de bon cette effrayante perspective.

« Rassure-moi, a-t-il soufflé, le regard inquiet, tu ne vas quand même pas faire des mathématiques, n'est-ce pas ? »

3
L'HOMME PRESSÉ

Les mathématiques en général, et la recherche en particulier, sont largement considérées par le grand public comme le règne de l'abstraction. Il n'en est rien. Bien sûr, il existe des champs de recherche très théoriques, ceux rassemblés sous la bannière des mathématiques fondamentales, parfois appelées « mathématiques pures ». Les maths n'y sont pas seulement considérées comme une boîte à outils, un langage permettant de décrypter et de comprendre le monde qui nous entoure, mais comme un sujet d'investigation en soi : en quoi cet alphabet est-il pertinent ou défaillant ? Peut-on l'améliorer ? Trouver un nouvel instrument à inclure dans la boîte à outils ?

Ces considérations ne sont pas dénuées d'intérêt, mais elles ne m'ont jamais séduit. J'aime les problèmes concrets qui amènent des réflexions concrètes amenant des réponses concrètes (même si le mot « concret » dans la bouche d'un mathématicien peut parfois revêtir une signification éloignée du sens habituel… !). Je n'ai jamais été attiré par la dimension *métaphysique* des mathématiques qui voit certains de mes collègues s'attarder sur ses origines, son exégèse ou son sens profond.

Un débat ancien et jamais résolu entre matheux illustre la différence entre ces deux approches. La question peut se résumer comme ceci : les mathématiques ont-elles une existence intrinsèque indépendante de l'Homme et se seraient peu à peu révélées à lui, ou sont-elles une invention humaine permettant de décoder, avec les facultés qui sont les nôtres, le fonctionnement du monde qui nous entoure ? Sans aucune hésitation, je penche pour cette deuxième option. Car au fond, je me dis, avec une mauvaise foi assumée, que les tenants de la première hypothèse pourraient tout aussi bien affirmer ceci : les mathématiques sont le langage de Dieu. J'avoue ne pas être croyant, mais en dehors de toute considération religieuse, cette théorie ne me convainc de toute façon pas. J'étais et je reste un scientifique terre à terre et pragmatique. À mes yeux, les mathématiques n'ont rien de mystique : c'est un outil formidable qui se prête très bien à la compréhension de notre environnement tel que nous le percevons et qui présente l'avantage d'être à la portée du cerveau humain, puisque créé par celui-ci. Ce n'est pas un point de vue très glamour, certes, mais en plus d'être conforme à ma pensée, il a le mérite de démythifier une matière qu'on associe encore souvent à une forme de transcendance et qu'on imagine déconnectée des réalités les plus basiques. C'est tout le contraire.

Cette approche pragmatique de la discipline porte un nom : les mathématiques appliquées. Difficile d'imaginer énoncé plus transparent. Elles concernent tous les domaines scientifiques où les maths peuvent apporter une aide précieuse et utile : physique, ingénierie, biologie, économie, finance, réseaux, données... Le terrain de jeu est vaste et je prendrai un grand plaisir à en explorer plus d'un durant ma carrière. Mais ce sont les mathématiques appliquées à l'informatique qui m'ont d'abord intéressé. Et comme souvent dans mon parcours professionnel, c'est un pur hasard qui est à l'origine de cet attrait.

J'étais en terminale et ma curiosité proverbiale s'exprimait notamment par un vif intérêt pour l'actualité. Je lisais beaucoup de journaux, à commencer par *Le monde*. En le parcourant un jour, j'ai repéré un petit encart publicitaire payé par IBM. Le géant américain était alors un pionnier de l'informatique et de sa nouvelle branche grand public, la micro-informatique. Nous étions en 1973 et la multinationale préparait le lancement des premiers ordinateurs à destination des particuliers qui verront le jour deux ans plus tard, avant l'avènement du célèbre PC (*personal computer*) conçu en partenariat avec Microsoft et mis sur le marché en 1980.

L'encart n'était pas une simple publicité. Il proposait un petit défi au lecteur : compléter des suites mathématiques. Les suites sont au cœur des sciences informatiques. Une commande d'ordinateur n'est rien d'autre qu'une suite d'actions à exécuter. Elles étaient abordées dans le programme de maths du lycée, mais le niveau de l'exercice proposé était autrement plus élevé. Mais que voulez-vous : j'aime jouer. « Si vous trouvez la bonne réponse à ce test, merci de nous envoyer votre résultat à l'adresse suivante en nous précisant le temps qu'il vous a fallu pour le résoudre. » Il n'en fallait pas plus pour me piquer.

J'ai réfléchi, le journal toujours en main. Environ trente secondes plus tard, j'avais résolu l'énigme. En temps normal, ma timidité m'aurait incité à ne pas pousser le jeu plus loin que ça. Mais entre autres avantages, ma curiosité avait ce pouvoir de faire sauter mes digues. J'ai écrit à l'adresse indiquée, en communiquant ma solution et le temps de réflexion nécessaire pour y parvenir.

Quelques semaines plus tard, je recevais un colis postal de la part du géant américain : s'y trouvaient quelques livres de vulgarisation sur l'informatique et une proposition de pré-embauche une fois mes études supérieures terminées. Je n'ai pas donné suite à cette offre, tant l'idée même d'une carrière me paraissait encore lointaine, mais j'ai lu avec intérêt les ouvrages envoyés. J'ai alors compris que l'informatique était un champ de recherche à la fois très vaste et encore peu exploré, et qu'il y avait là certainement matière à satisfaire mon goût pour la résolution de problèmes concrets.

En entrant à l'ENS deux après cette anecdote, ce goût pour l'informatique ne m'avait pas quitté. À l'époque, l'idée de relier des ordinateurs entre eux à distance sous forme de réseau émergeait à peine. Arpanet, l'ancêtre d'Internet, avait vu le jour quelques années plus tôt, en 1969, autorisant l'échange de messages entre deux ordinateurs, l'un situé à l'université de Los Angeles et l'autre à Stanford. J'avais l'intuition qu'il se passait là quelque chose susceptible de prendre de l'ampleur dans les années à venir.

La modélisation de l'informatique en réseau à l'époque faisait appel à un domaine des mathématiques appelée « théorie des files d'attente », lui-même un sous-domaine des probabilités. Cette théorie s'intéresse à toutes les situations où des files d'attente peuvent apparaître. Elle permet d'évaluer la taille des files et elle élabore des solutions pour éviter qu'elles se forment, ou les désengorger de la manière la plus efficace possible. On utilise par exemple cette théorie pour optimiser le trafic aérien autour d'un aéroport, ou fluidifier la circulation dans une ville, voire éviter la formation de files d'attente devant un guichet d'administration ou dans un supermarché. Appliquée aux réseaux informatiques, elle aide à gérer l'afflux de données qui, entre deux ordinateurs distants, sont transmises par paquets. Quelle priorité donner à tel ou tel paquet ? En fonction de quels critères ? Comment faire pour éviter les embouteillages ? Il y avait de quoi occuper mon esprit joueur pour quelque temps.

La première année à l'ENS est normalement consacrée au passage d'une maîtrise de mathématiques fondamentales au contenu très théorique dispensée – à l'époque – à l'université Paris VII. Cette maîtrise, que les étudiants de fac passent habituellement en deux ans, nous devions, en tant que normaliens, la passer en une année seulement. Dès la présentation du contenu des cours, j'ai senti une vague d'ennui m'envahir. Moi, si impatient de mettre enfin les mains dans le cambouis, j'étais reparti pour un an de théorèmes à ingurgiter. Hors de question.

En réaction, j'ai fait ce que j'ai toujours su faire de mieux : me lancer un défi. Mon idée était la suivante : passer deux maîtrises en une seule année scolaire. Celle en maths, prévue par le cursus, et une autre en informatique à l'université Paris VI. Pour ce faire, il me fallait convaincre la responsable de l'enseignement des maths à Paris VI d'accepter mon inscription. En m'écoutant dérouler mon plan, elle a tiqué :

– Deux maîtrises en un an alors qu'il en faudrait normalement quatre pour un étudiant d'université ? Je suis désolée, mais même pour un normalien, ce n'est pas faisable, a-t-elle décrété.

– Je suis conscient que la tâche ne sera pas facile. Mais en cas d'échec, j'en assumerai les conséquences. Laissez-moi essayer.

J'ai eu gain de cause, malgré les moues dubitatives de la directrice incrédule.

Avec le recul, je dois admettre que ce ne fut pas tous les jours une partie de plaisir. Les deux plannings se télescopant, j'ai raté nombre de cours, m'obligeant à récupérer les polycopiés. Je privilégiais autant que possible ma maîtrise en informatique, qui comprenait de la programmation, de la théorie des signaux, de l'algorithmique autant de disciplines que je découvrais ou que je maîtrisais mal. Je parvenais à m'en sortir sans trop de dégâts. Au moment des examens, nouveau télescopage d'emplois du temps : pas d'autre choix qu'arriver en retard à certaines épreuves. Je me revois en train de plancher sur le premier examen de la matinée le plus vite possible, avant de déguerpir dès la copie rendue pour arriver à temps, essoufflé et en nage, à ma deuxième épreuve de la journée.

On me considère comme quelqu'un d'intelligent. Le suis-je plus que la moyenne ? Non. Mais j'ai une faculté innée qui m'a beaucoup aidé : je suis rapide. Très rapide. C'est un atout certain à l'heure de résoudre des problèmes mathématiques. Je ne suis pas un matheux méthodique qui reformule un énoncé, effectue des déductions, forme un raisonnement avec le tout et aboutit, à la fin, à un résultat qui soutient l'ensemble de l'édifice. Mon camarade Jean-Christophe Yoccoz correspondait plus à ce type de profil, au sens logique bien plus développé.

Je ne fonctionne pas comme ça. Chez moi, le plus souvent, c'est par la ligne d'arrivée que tout commence. Lorsqu'un problème m'est posé, il me suffit la plupart du temps de quelques instants de réflexion pour savoir si je pourrais le résoudre un jour et pour commencer à élaborer une ou plusieurs stratégies d'attaque. Cette conviction m'apparaît de manière naturelle, intuitive, surgissant de mon cerveau comme une évidence. Après quoi, il me faut construire patiemment la démonstration qui me permettra d'arriver à la solution pressentie. Cette étape peut être très longue : de quelques heures à plusieurs années. Mais même si cela prend du temps, ma conviction initiale, quasi immédiate, reste la même. Cette grande rapidité d'évaluation de la faisabilité est certainement innée ! Rapidité qui, à l'heure d'enchaîner deux examens dans la même demi-journée, s'est révélée d'une grande utilité.

J'ai décroché mes deux maîtrises sans heurts. Et je réfléchis à ma deuxième année à l'École normale supérieure. À l'époque, et peut-être davantage qu'aujourd'hui, l'ENS était avant tout une fabrique à professeurs d'université, de classes préparatoires et de grandes écoles. Lors de la deuxième année d'études, le cursus prévoyait donc le passage de l'agrégation. Encore une fois, j'avais d'autres plans que ceux déjà tracés. Je voulais faire de la recherche. En vérité, je ne savais pas ce que recouvrait exactement ce terme. Je voyais bien qu'en informatique, une discipline encore récente, beaucoup de problèmes concrets et intéressants ne demandaient qu'à être résolus. J'étais surtout convaincu que la modélisation des réseaux informatiques était un thème passionnant, porteur d'avenir et permettrait de combiner mes deux intérêts, maths et info. Et je n'avais qu'une envie : m'y frotter le plus vite possible !

J'ai demandé un rendez-vous avec le directeur de l'École normale. Il m'avait déjà vu l'an passé, lorsque j'étais venu lui demander l'autorisation de passer mes deux maîtrises en même temps, ce qu'il avait accepté sans faire d'histoires. En me voyant débarquer, il a compris que j'avais une nouvelle requête tordue à formuler. Bonne pioche. Je lui ai expliqué mon souhait de faire l'impasse sur le concours de l'agrégation afin de poursuivre mes études universitaires sous la forme d'un diplôme d'études approfondies en probabilités, un DEA, dernière étape avant d'entamer une thèse, et donc d'entrer dans le monde de la recherche.

À l'ENS, mon initiative avait connu des précédents, plutôt rares à l'époque, certes, mais suffisamment nombreux pour désigner par un surnom les étudiants qui s'y risquaient : les anti-agrégatifs. J'ai fait part au directeur des motivations qui m'avaient amené à prendre cette décision, quand bien même je ne connaissais pas précisément le champ de recherche auquel je souhaitais m'attaquer à terme. Il m'a écouté et n'a pas émis d'objection.

Parallèlement à mon DEA, je suivais des cours de langage informatique. Le contenu des leçons ne me posait aucune difficulté, me laissant du temps libre pour jouer au rugby avec mon ami Jean-Christophe, et assouvir ma boulimie de musique et de livres. J'en ai aussi profité pour parfaire ma culture scientifique, en ingurgitant les grands classiques de la littérature mathématique, à la fois pour le plaisir d'apprendre et – pourquoi pas – trouver un peu d'inspiration pour mes futurs travaux de recherche.

Parmi ces ouvrages de référence, j'ai entrepris en milieu d'année la lecture des *Méthodes de physique mathématique*, un énorme pavé en deux volumes publié en 1924 par Richard Courant et David Hilbert, deux éminents mathématiciens. L'ouvrage reste à ce jour une référence de l'analyse mathématique, un champ de la discipline dont j'ignorais presque tout. Il développe aussi les bases de ce que l'on appellera plus tard l'analyse numérique, très utilisée en informatique, d'où mon intérêt pour sa lecture.

Je ne savais pas qu'un déclic m'attendait, caché dans ces pages.

4
DÉNOMINATEUR COMMUN

L'un des mythes associés aux mathématiciens professionnels est que nous sommes des bêtes de calcul. Un lauréat de la médaille Fields, pense-t-on, devrait pouvoir faire une multiplication à trois chiffres en un claquement de doigts. Je vais sans doute décevoir à nouveau quelques lecteurs, mais rien n'est plus faux. Demandez-moi au débotté combien font 121 x 318 et je serais bien incapable de vous répondre sans un minimum de papier (ou un téléphone !). À vrai dire, un peu d'entraînement m'aurait peut-être permis de progresser sur ce terrain, mais ça ne m'a jamais intéressé. À ceux qui me lancent ce genre de défi, j'aime répondre par une boutade : « Je ne sais pas compter, et pour cause : je suis matheux ! » Bien sûr, certains mathématiciens – doués ou pas – sont capables de ce genre de prouesses. C'est donc entendu, je ne sais pas mieux compter que le commun des mortels. Mais il y a plus grave, de nombreux domaines des mathématiques me sont en grande partie inaccessibles. C'est le cas par exemple de ce qu'on appelle l'algèbre. Je ne suis pas algébriste, je suis un analyste et rien qu'un analyste.

Mon truc à moi, c'est l'analyse mathématique. Dernière ce nom un peu générique se cache une branche assez vaste de notre discipline que l'on pourrait résumer ainsi : si l'algébriste s'intéresse aux égalités, l'analyste s'intéresse aux inégalités. Il travaille sur plusieurs informations, ou problèmes, ou situations différentes les unes des autres et tente d'établir des liens, des ponts afin d'en tirer des propriétés. Le monde de l'algèbre est un monde stable. Celui de l'analyse est dynamique, en mouvement permanent et en apparence désordonné. Et pourtant, ce chaos apparent cache des règles qui, une fois découvertes, permettent de le comprendre, de le mesurer, voire de le reproduire. Telle est la mission que l'analyste se propose de remplir.

Ce goût de l'analyse mathématique, je l'ai découvert en parcourant mon épais Courant et Hilbert. Alors que les deux auteurs déroulaient un raisonnement qui leur avait permis de justifier une méthode assez générale de résolution de certaines équations, je me suis soudainement pris à imaginer une démonstration complètement différente, mais qui m'apparaissait tout aussi juste. Elle m'est apparue comme un flash. En lisant le passage en question, et sans même m'en rendre compte, mon cerveau a puisé dans mes connaissances en probabilités, établissant un lien inattendu avec le problème soulevé et révélant une approche nouvelle, un angle innovant ouvrant des perspectives inexplorées. J'ai poussé la réflexion un peu plus loin, mettant au jour une troisième démonstration à nouveau très différente, mais tout aussi valide à mes yeux. Mes neurones étaient en ébullition. Impossible de continuer la lecture paisible dans laquelle j'étais plongé. J'ai attrapé un stylo, du papier et j'ai écrit, porté par l'excitation du moment. J'ai noirci quatre-vingts pages presque d'une traite.

À ce stade, il me fallait montrer ces travaux personnels à un tiers. J'avais le pressentiment d'avoir ouvert une boîte, mais sans regard extérieur, je n'avais aucune certitude quant à la validité réelle de mon édifice et encore moins à son éventuelle portée. Bien entendu, le réflexe naturel d'un fils de mathématicien aurait été de solliciter son père. C'était totalement exclu. Et pour cause : Jacques-Louis Lions était un ponte de l'analyse mathématique. C'était sa spécialité. Il est même considéré comme le fondateur de l'école française de mathématiques appliquées, dont la grande force est d'appliquer l'analyse mathématique à des problèmes concrets. J'imaginais par avance sa réaction à la vue de mes écrits : le rejeton ne se contente pas de faire des maths, voilà qu'il se lance dans ma discipline ! Surtout pas, trop dangereux pour lui !

Le lecteur féru de psychologie estimera peut-être que tous ces hasards forment une série de coïncidences très troublantes à mesure que mon parcours professionnel se confond avec le sillon paternel. Je reste persuadé que ce rapprochement n'était pas prémédité et que sans cette lecture entreprise à cet instant précis de ma vie, mon destin de mathématicien aurait été probablement différent. J'admets malgré tout un biais, peut-être inconscient : à force de répéter qu'il me fallait prendre un autre chemin que le sien, mon père n'a-t-il pas excité l'esprit de contradiction qui me caractérise et provoqué l'effet inverse à celui recherché ? Je n'écarte pas cette hypothèse, mais je persiste à penser qu'elle n'a eu qu'une influence mineure sur mes choix professionnels.

La piste paternelle exclue, je n'avais pas d'autre idée que celle de solliciter mes professeurs. Mais qui aller voir ? Un analyste ? Ils ne connaissent rien aux probabilités. Un probabiliste ? Ils ne comprennent rien à l'analyse. J'ai tenté ma chance dans les deux camps, sans beaucoup d'espoir. J'avais raison. Tous se sont gratté la tête avant de se déclarer incompétents pour juger mes écrits. J'avais même tapé à la porte d'un de mes profs de maîtrise d'informatique porté sur le calcul. Mon intuition profonde était que ma *trouvaille* pouvait être utile dans le domaine alors à peine émergent du calcul parallèle – une technologie utilisée couramment aujourd'hui – mais je ne savais pas précisément pourquoi ni comment.

Finalement, un de mes professeurs de maîtrise, Haïm Brézis, qui à première vue, n'avait pas d'intérêt particulier pour mon manuscrit et mes explications, mais qui était proche de mon père, alors au firmament, a proposé de me prendre en thèse et donc de devenir mon directeur de thèse. Peut-être en raison de sa sympathie pour mon père, ou peut-être était-il intrigué par cet étudiant qui pondait quatre-vingts pages d'analyse mathématique avant même d'avoir fini son DEA – sans doute un peu les deux. À l'évidence, mes aspirations premières – les probabilités appliquées à l'informatique – s'évanouissaient par le jeu du hasard, au profit de sujets d'études très proches du domaine de recherche de mon père.

Un an plus tard, je soutenais ma thèse (appelée « de troisième cycle » à l'époque) et vingt mois plus tard, âgé de 23 ans, je soutenais ma thèse d'État. Ce dernier grand oral, qui signait aussi la conclusion de mes études supérieures, se tenait à l'université Paris VI, au sein du laboratoire de mathématiques appliquées auquel j'étais alors rattaché. Ce laboratoire, où se déroulait ma soutenance, prendra quelques années plus tard le nom de celui qui l'avait fondé.

Un certain Jacques-Louis Lions.

5
LA REINE DE CARTHAGE

S'il est une constante tout au long de ma carrière, et encore aujourd'hui, c'est bien celle-ci : je n'en fais qu'à ma tête. Le sujet de thèse que j'ai finalement choisi n'avait rien à voir avec celui proposé par mon directeur. On ne se refait pas. Soumettez-moi un sujet d'étude qui ne m'intéresse pas et vous n'obtiendrez rien de moi, ou très peu. Ma nature profonde de procrastinateur se réveillera. J'ai quand même réussi à m'endormir dans une épreuve des Olympiades de mathématiques et, surtout, durant une des épreuves du concours d'entrée à l'École normale supérieure. Mais proposez-moi de résoudre un problème qui excite ma curiosité et je ne trouverai le repos qu'une fois celui-ci résolu. Je suis un passionné, version méditerranéen amateur de sieste mais pouvant s'enflammer très rapidement. Et comme tous les passionnés, ce qui m'intéresse ne tarde pas à m'obséder.

Le titre de ma thèse d'État était ainsi libellé : « Quelques classes d'équations aux dérivées partielles non linéaires et leur résolution numérique ». J'admets que ça ne se lit pas comme un roman et qu'on a déjà vu titre plus hilarant. Car j'ai beau militer pour une approche décomplexée et démythifiée des mathématiques, les classes préparatoires, Normale Sup et l'entrée dans la noble confrérie des chercheurs n'ont pas pour objectif principal de former des talents comiques. Mais n'ayez pas peur et ne refermez pas tout de suite ce livre. En réalité, derrière ce titre incompréhensible, se cachent des expériences parfaitement banales qui peuplent votre quotidien.

Ce sujet appartient à un des domaines des mathématiques qui allait beaucoup m'occuper dans ma vie de chercheur : les équations aux dérivées partielles. C'est une sous-catégorie de l'analyse mathématique. Comme je l'ai expliqué plus haut, l'analyse mathématique permet de s'intéresser à des problèmes concrets de physique, de chimie, ou d'ingénierie en extrayant les mathématiques qui s'y cachent et tenter ainsi de les résoudre. Car c'est une réalité : les mathématiques sont partout autour de nous. Dans la nature environnante, l'air que vous respirez, votre voiture, la fusée *Ariane*, la rotation des planètes. Partout où vous posez les yeux, ce sont des mathématiques que vous êtes en train de contempler. Ou plutôt, des objets ou des phénomènes qui peuvent se traduire en langage mathématique. Ce travail de traduction, c'est celui de l'analyste.

Jusqu'à la Renaissance, les mathématiciens se sont essentiellement intéressés à l'étude des objets fixes et solides. C'était le règne de l'algèbre ou de la géométrie : en simplifiant, disons qu'il s'agissait de quantifier des hauteurs, des longueurs et des largeurs dans un environnement stable et statique. Au XVIIIe siècle, le Suisse Leonhard Euler, un des plus importants mathématiciens et scientifiques de son temps, se voit commander la construction d'une fontaine par le roi de Prusse. En scientifique curieux et rigoureux, il en profite pour se pencher sur le comportement de l'eau, se donnant pour objectif de décrire en termes mathématiques la manière dont elle s'écoule. En d'autres mots, d'établir un modèle mathématique qui décrit les propriétés de cet écoulement. Il n'était pas obligé d'aller si loin, car la commande se bornait à l'édification d'une fontaine, mais je suis persuadé qu'il lui était impossible de passer à côté d'une si belle occasion de créer des équations inédites et, en fait, un domaine nouveau.

Le défi n'avait rien de simple. Car contrairement à un rectangle ou aux rondins de bois débités par mon père, l'eau n'est pas statique. Elle est en mouvement perpétuel et soumise à de multiples variables : sa vitesse, sa densité, la pression de l'air environnant, le temps qui passe… On voit bien qu'ici, tenter de *quantifier* l'écoulement de l'eau comme on tenterait de quantifier l'aire d'un cylindre n'est tout simplement pas possible. Pour dépasser cette difficulté, Euler va alors inventer une nouvelle façon d'écrire des équations autorisant l'ajout de ces multiples variables : les équations aux dérivées partielles. Ce n'est pas tout : dès lors que les valeurs de ces variables sont susceptibles d'être différentes d'un point à autre – l'eau ne s'écoule pas partout à la même vitesse –, elles font intervenir une infinité d'inconnues, par exemple la vitesse en un point quelconque, bref des fonctions inconnues. De plus, elles ne sont pas et ne peuvent pas être linéaires. Une addition de causes n'induit pas une addition des effets. De toute façon, additionner les vitesses de deux fluides n'a aucun sens ni intérêt. Ces équations sont donc non linéaires. D'où le terme générique : équations aux dérivées partielles non linéaires.

Cette modélisation de l'écoulement de l'eau va logiquement prendre le nom de « modèle d'Euler ». Et ouvrir un nouveau champ de l'analyse mathématique : la dynamique des fluides. Après l'eau, les mathématiciens s'attaquent à d'autres liquides, puis aux gaz, qui passent eux aussi à la moulinette des équations aux dérivées partielles non linéaires. L'air est l'objet de toutes les attentions, surtout depuis que les apports de Newton à la science moderne ont introduit des variables nouvelles, comme l'accélération, la « vitesse de la vitesse ».

Un mathématicien français du XVIIIe siècle, Jean Le Rond d'Alembert, va s'intéresser au modèle de l'écoulement de l'air en s'appuyant sur les modèles élaborés par Newton. Son résultat, connu sous le nom de « paradoxe de d'Alembert », a de quoi surprendre : selon ses équations fondées sur les principes édictés par le physicien britannique, les oiseaux ne sont pas censés pouvoir voler. Ce qui, vous en conviendrez, n'est pas tout à fait conforme à l'observation.

À l'évidence, le modèle de Newton ne résiste pas à l'expérience, ni celui d'Euler d'ailleurs. Il manque encore quelque chose dans les équations. Au XIXe siècle, le mathématicien français Henri Navier et le physicien britannique George Gabriel Stokes entreprennent de résoudre ce paradoxe. En s'appuyant sur le modèle d'Euler, ils introduisent la notion qui manquait : la viscosité. Derrière ce terme se cache en quelque sorte la *résistance* de l'air, celle que l'on peut expérimenter en ouvrant la vitre de sa voiture sur l'autoroute et en laissant flotter sa main à l'extérieur. Au mot de « résistance », on préfère parfois celui de « frottement », car cet effet peut être vu comme le frottement des molécules entre elles. Grâce à la viscosité, les oiseaux ont enfin la capacité de voler.

Ces travaux aboutissent à formulation de nouveaux modèles théoriques appelés « équations de Navier-Stokes » en hommage aux deux scientifiques. Elles permettent de décrire avec précision l'écoulement des gaz et de la majeure partie des liquides. Une révolution qui va permettre aux mathématiques appliquées de prendre leur essor. Deux cents ans plus tard, les équations de Navier et Stokes sont utilisées dans des secteurs très divers de l'industrie, dès lors qu'un liquide ou un gaz en mouvement entrent en jeu. Sans elles, pas d'aviation, pas de moteur à explosion, de barrages hydrauliques… et pas de film *Titanic*.

Dans la scène qui voit le célèbre paquebot couler, James Cameron a fait appel à des effets spéciaux pour reproduire les mouvements de l'eau. Les logiciels utilisés n'ont eu d'autre choix que de recourir aux équations de Navier-Stokes. En regardant le film et alors que je m'ennuyais ferme, j'étais heureux de voir – enfin ! – le bateau couler pour pouvoir apprécier le travail des ingénieurs graphistes. Je dois dire que j'ai été déçu. Les équations utilisées étaient à l'évidence assez basiques et le rendu du mouvement de l'eau plutôt médiocre pour un œil exercé.

Une fois les mystères de l'écoulement des liquides et des gaz partiellement révélés, se posait alors une question évidente : comment *s'écoule* la chaleur ? Peut-on développer un modèle mathématique qui décrive précisément la manière dont elle se diffuse ? Au XIXe siècle, le mathématicien et physicien français Joseph Fourier s'attaque à cette énigme, mettant au point une équation de la chaleur dégagée par les corps. Fourier contribua aussi à décrire un phénomène à l'époque méconnu qui fait aujourd'hui la une de tous les journaux : l'effet de serre. Cet apport, couplé à la modélisation des gaz et des fluides décrites par les équations de Navier et Stokes, constitue le socle théorique de nos prévisions météorologiques quotidiennes.

Toutes ces découvertes ont contribué à fonder ce que l'on regroupe aujourd'hui sous la notion de « mécanique », au sens large terme. S'y ajoute la modélisation mathématique du comportement des solides et des ondes : d'abord sonores, puis électromagnétiques. Au XXe siècle, les mathématiciens, et plus généralement les scientifiques, ont cherché à affiner tous ces modèles, en essayant de les appliquer à des contextes et des environnements variés – des fluides plus ou moins raréfiés par exemple – ou en décrivant le comportement de différents gaz ou liquides lorsqu'ils interagissent entre eux. C'est ce type de travaux qui m'a occupé, pour une partie de ma carrière. J'y reviendrai plus en détail un peu plus loin.

Aujourd'hui encore, les équations de Navier-Stokes n'ont pas révélé tous leurs secrets. Leur résolution constitue même l'un des mystères les plus tenaces des mathématiques modernes, au point de figurer dans la liste des problèmes du millénaire. Lancé en 2000 par un institut de mathématiques américain, ce défi consiste à résoudre sept problèmes mathématiques fameux réputés insolubles. À la clé, un million de dollars pour chaque énigme résolue. Celle liée à la résolution de ces équations particulières de Navier-Stokes résiste encore et toujours à tous ceux qui s'y sont attaqués.

Ce qui rend les équations de Navier-Stokes – et plus généralement les équations aux dérivées partielles – si difficiles à résoudre, c'est précisément leur aspect non linéaire. Précisons ici ce que revêt ce terme rapidement évoqué plus haut. Une situation linéaire voit une addition de causes entraîner une addition d'effets. Dans une situation non linéaire, cette corrélation ne s'applique plus, rendant la chaîne de réactions beaucoup plus difficile à décrire. Imaginez la recette d'un gâteau pour quatre personnes. Si vous recevez huit convives, que faites-vous ? Facile : vous multipliez tous les ingrédients par deux. Le goût de votre gâteau restera inchangé. C'est linéaire. Maintenant, multipliez le temps de cuisson par deux. Le résultat gustatif sera-t-il le même ? J'en doute. C'est une relation non linéaire.

En vérité, dans la nature, rien ou presque n'est linéaire. Un comportement linéaire n'est le plus souvent valable que dans des circonstances très particulières. C'est ce qui rend ce champ de recherche si difficile sur le plan mathématique. Et si intéressant bien sûr. Peter Lax, un grand mathématicien américain du XXe siècle que j'admire, disait ceci : « La linéarité nourrit le mépris. » Jeu de mots intraduisible entre l'adage « *Familiarity breeds contempt* » et « *Linearity breeds contempt* »... C'était une manière un peu provocante de dire les choses, mais l'on comprend le message : le monde des équations linéaires est trop plat, trop morne pour provoquer l'excitation intellectuelle. La mienne, en tout cas.

L'autre domaine des mathématiques qui va mobiliser mes neurones durant une grande partie de ma carrière – et dès la fin de mon DEA – est directement lié aux équations aux dérivées partielles non linéaires, car il implique le recours à des fonctions et porte sur des situations à la fois dynamiques et complexes. C'est ce qu'on appelle le contrôle optimal. Ses applications sont tout aussi concrètes que l'analyse mathématique. Mais contrairement à l'analyse, c'est un domaine que j'avais approché d'un peu plus près durant ma formation universitaire, en informatique notamment. Souvenez-vous : j'évoquais plus haut la théorie des files d'attente notamment dans le cas d'ordinateurs organisés en réseau. Des exemples de problème de contrôle optimal sont fortement liés à cette théorie même si ce terme regroupe des champs de recherche bien plus vastes.

Nous faisons tous les jours l'expérience du contrôle optimal et de l'optimisation sans même nous en rendre compte. À l'heure de déterminer le trajet le plus court pour vous rendre à un dîner ou au cinéma, vous faites du contrôle optimal. Au supermarché, repérer puis choisir la caisse la plus rapide n'est rien d'autre qu'un exercice de contrôle optimal. Couper un gâteau à parts égales pour qu'aucun convive ne soit lésé ? Réfléchir à la disposition des valises dans le coffre de la voiture pour que tous vos bagages puissent s'y loger ? Encore et toujours de l'optimisation. Bien entendu, dans la plupart de ces situations, nous jugeons au doigt mouillé, un luxe que le mathématicien ne peut pas s'offrir. Par ailleurs, les cas d'optimisation auxquels il s'attelle recouvrent des problèmes beaucoup plus complexes. Quoique…

On trouve des exemples de problèmes mathématiques liés au contrôle optimal dès l'Antiquité. Au IXe siècle avant Jésus-Christ, la reine phénicienne Elyssa Didon s'établit sur les côtes de l'actuelle Tunisie. Elle y repère de vastes terrains à son goût sur lesquels elle envisage d'édifier une cité – la future Carthage. Or pour mener à bien ce projet, il faut commencer par s'approprier les terrains. Ceux-ci appartiennent alors au chef barbare d'une tribu locale. Didon n'a pas les moyens de combattre par les armes pour s'en rendre maîtresse, mais sa beauté aidant, elle parvient à attendrir le propriétaire guerrier qui lui propose le marché suivant : Didon se verra offrir les terres qu'elle réussira à délimiter à l'aide d'une peau de bœuf. Et voilà notre reine confrontée au premier problème de contrôle optimal de l'histoire de l'humanité dont on ait gardé trace.

La générosité de notre chef barbare est à la fois appréciable et discutable, car il faut bien l'admettre, une peau de bœuf, ce n'est pas très grand. Didon s'en accommode pourtant, grâce à une première idée ingénieuse : elle découpe la peau en lanières extrêmement fines afin de dessiner un marquage beaucoup plus étendu. Mais quelle forme donner à ces lanières pour qu'elles embrassent la surface la plus étendue possible et permettent de se rapprocher ainsi le plus possible de la mer afin de faciliter les échanges commerciaux ? C'est là que notre reine est frappée par un deuxième éclair de génie : les disposer en cercle ou plus exactement en un demi-cercle appuyé sur le rivage. C'est intuitif : le cercle est la forme géométrique qui couvre la superficie la plus vaste pour une longueur donnée. C'est pour cette même raison que les citadelles, les châteaux forts et même les igloos ont presque tous une forme circulaire ou sphérique : l'espace se trouve ainsi optimisé. Pour l'anecdote, et aussi étonnant que ça puisse paraître, il faudra attendre la fin du XIXe siècle pour que cette intuition ancestrale soit définitivement prouvée par une démonstration mathématique définitive et irréfutable car correcte.

Un des premiers grands principes qui va pousser les scientifiques du monde entier à s'intéresser aux innombrables possibilités offertes par le contrôle optimal est le principe de Fermat. Le mathématicien français du XVIIe siècle qui lui a donné son nom est considéré comme l'un des plus brillants de son temps. Parmi les nombreux énoncés qu'on lui doit, celui qui nous intéresse ici est libellé ainsi : « La lumière trouve toujours le chemin le plus court. » Pour les mathématiciens et physiciens de l'époque, cette étonnante propriété de la lumière devait nécessairement pouvoir se transposer à d'autres phénomènes, naturels ou non. Le contrôle optimal moderne était né.

Depuis lors, les applications concrètes du contrôle optimal ne se comptent plus. On le retrouve dans l'économie et dans la finance bien sûr, par exemple dans la gestion de portefeuilles boursiers, où l'on cherche à optimiser ses gains dans un environnement très instable aux variables multiples et imprévisibles. L'urbanisme, avec l'organisation du trafic routier, dans le but d'éviter au maximum les embouteillages. Le domaine ferroviaire, où les phases d'accélération et de freinage doivent être déterminées avec précision pour être en mesure d'aller le plus vite possible en toute sécurité sur un tracé donné. L'exploration spatiale, où les ingénieurs doivent prévoir la trajectoire la plus *courte* pour atteindre la destination souhaitée, mais aussi optimiser la consommation de carburant, un dernier problème qui occupe aussi les ingénieurs en automobile ou ceux travaillant dans le domaine de l'énergie.

Encore une fois, la grande difficulté de ces problèmes de contrôle optimal provient de la non-linéarité qui leur est attachée car les effets des choix ne sont pas aisés à déterminer. À cela s'ajoute la dynamique des situations traitées, où le temps qui passe voit les modifications s'enchaîner. Et quand des dizaines de variables entrent en jeu, je vous laisse imaginer l'ampleur du casse-tête. D'ailleurs, on est loin de tout savoir faire mathématiquement !

Autant de problèmes difficiles, d'enjeux importants et d'applications possibles : bref, un régal pour un matheux.

6
AU CŒUR DU RÉACTEUR

À la fin des années 1970, le contrôle optimal n'était pas encore à l'œuvre dans l'ensemble des secteurs où il est utilisé aujourd'hui. À l'époque, une des applications favorites des spécialistes de la discipline portait sur le secteur de l'énergie au premier rang desquelles la gestion du réseau électrique. En effet, bien que moins polluante que le charbon ou les énergies fossiles en général, l'électricité a des inconvénients, dont le fait de ne pas pouvoir être stockée. Faire tourner les turbines des barrages hydroélectriques ou mettre en route une tranche de réacteur nucléaire est donc une action mûrement réfléchie. En outre, la gestion du réseau électrique impose de faire des choix importants pour non seulement éviter de gaspiller des ressources et de l'argent, mais aussi produire suffisamment pour soutenir la demande et éviter la pénurie. Ajoutez à cela que la demande est très fluctuante et dépend de paramètres plus ou moins connus comme la météo. C'est là un cas typique de contrôle optimal parfaitement conforme à mes compétences et à mes aspirations professionnelles de l'époque même si je n'ai jamais travaillé sur ce thème spécifique.

Mon premier *vrai* travail de mathématicien appliqué n'a pas porté sur cette question précise, mais sur un autre problème où le contrôle optimal s'appliquait là aussi à un phénomène physique. Environ six mois après avoir obtenu ma thèse d'État, j'ai été contacté par une filiale privée du Commissariat à l'énergie atomique (CEA) nommée Cisi Ingénierie. Cette société proposait ses services à des grands noms de l'industrie confrontés à des problèmes physiques ou mathématiques dont la résolution promettait d'améliorer la bonne marche des systèmes industriels et donc des affaires. Cisi avait pour habitude de faire travailler de jeunes – et moins jeunes – chercheurs sur des missions ponctuelles en tant que consultants. C'est dans ce cadre qu'ils ont fait appel à moi. Je venais à peine d'intégrer le CNRS comme enseignant-chercheur rattaché à l'université Paris VI. J'avais déjà fort à faire, mais je ne pouvais pas refuser une telle proposition : enfin un problème concret et contemporain auquel me frotter ! Mettre les mains dans le cambouis et aller jusqu'au bout : je ne pouvais refuser.

C'est un mathématicien, Jean-Paul Boujot, alors directeur scientifique de Cisi, qui m'a confié ce premier projet industriel. Mon nom circulait depuis quelque temps dans le petit milieu universitaire suite au passage de ma thèse d'État à un âge pour le moins précoce. Porter le nom de mon père a sans nul doute aussi favorisé cette ébauche de notoriété.

Mon héritage paternel prestigieux a-t-il constitué un avantage ou un inconvénient durant mes quarante ans de carrière ? Je dirais les deux et dans des proportions à peu près équivalentes. Un avantage dans le sens où mon patronyme m'a permis d'être plus facilement identifié parmi les mathématiciens de ma génération. Un inconvénient aussi, car mon père, précurseur des mathématiques appliquées et homme de réseau, ne comptait pas que des amis dans la communauté, notamment auprès des nombreux défenseurs de la *pureté* de notre discipline pour qui sa noblesse réside avant tout dans son versant le plus abstrait.

Ce qui est certain, c'est que contrairement au monde du cinéma ou de la musique où les « fils et filles de » sont légion, le talent en mathématiques n'a rien de subjectif. Si avantage il y a eu à m'appeler Lions, cela n'a aucunement favorisé la pertinence de mes travaux ou leur réception par la communauté scientifique, pour qui le seul critère qui vaille est la justesse du raisonnement et la validité du résultat présenté. J'ajouterais que cette filiation n'a jamais été un sujet de tourments ou de préoccupations. Mes parents m'ont appris à garder la tête froide et à ne jamais me croire au-dessus de la mêlée, que ce soit par le rayonnement associé à mon patronyme ou, plus tard, par la portée des prix qui me seront décernés. En clair, si la question de l'héritage paternel était éventuellement une source d'interrogations pour les autres, cela n'a jamais été le cas pour moi.

Le problème que la filiale du CEA m'a demandé de résoudre était à la fois complexe et sensible puisqu'il avait pour cadre l'industrie nucléaire civile. À la fin des années 1970, plusieurs procédés d'enrichissement de l'uranium, c'est-à-dire de séparation isotopique, cohabitaient et étaient en compétition. L'un d'eux consiste à placer l'uranium dans une cuve de type centrifugeuse afin de séparer les atomes qui le composent par rotation très rapide de la cuve. Ce procédé s'appelle l'ultracentrifugation. Pour effectuer ce tri, la centrifugeuse tourne à très grande vitesse et son couvercle est chauffé à une certaine température grâce à des résistances. Ma mission était de répondre à l'interrogation suivante : comment chauffer le couvercle pour optimiser la séparation des atomes et donc augmenter le rendement ? On est ici en présence d'un cas d'école d'optimisation ou de contrôle optimal appliqué à la physique. Je ne pouvais pas rêver mieux.

Je me suis mis au boulot avec l'aide d'un de mes étudiants prometteurs de Paris VI que j'ai embarqué dans cette aventure et qui m'avait fait part de son souhait de travailler dans l'industrie une fois sa thèse soutenue. Plancher sur un problème aussi difficile que concret me réjouissait et, en même temps, comportait une part de risque certaine. Dans la recherche publique, l'enseignant-chercheur n'est pas tenu d'aboutir à des conclusions en un temps donné, dès lors qu'il fait preuve d'une activité soutenue dans la conduite de ses travaux. Mais lorsqu'un industriel fait appel à vos compétences pour une mission précise, la pression du résultat se fait sentir. En cas d'échec, inutile d'espérer qu'on fasse de nouveau appel à vous. Cette technique dite d'ultracentrifugation était alors en compétition avec une autre technique de séparation des atomes, la séparation par laser. En bonne pionnière du nucléaire civil, la France investissait dans ces deux technologies en parallèle. Les enjeux, tant financiers qu'en matière d'indépendance énergique, étaient énormes.

Au bout de quelques semaines, mon étudiant et moi sommes parvenus à un résultat prometteur, mais complexe. Pas de ceux que l'on trouve par hasard, en somme. D'après nos calculs, nos préconisations en matière de profil de chauffage devaient permettre d'améliorer le pouvoir de séparation de 12 %. Nous avons soumis nos conclusions à Cisi, dont les responsables ne s'attendaient pas à un résultat aussi prometteur. Le CEA s'est montré tout aussi impressionné et enthousiaste. Tout le monde était ravi. Un mois plus tard, et avant même que notre méthode soit testée en conditions réelles, la France abandonnait l'ultracentrifugation pour se concentrer sur la technique par laser, envoyant le fruit de notre travail au rebut.

Cette décision stratégique nous a déçus, mais elle nous laissait libres d'exploiter notre trouvaille comme bon nous semblait. Nous avons été autorisés à publier un article, puis de donner une conférence en Angleterre pour présenter notre méthode, tout en nous gardant bien de communiquer les détails chiffrés, secret industriel oblige.

Le temps a passé. Un ou deux ans plus tard, Jean-Paul Boujot a reçu une lettre venant d'une curieuse société d'import-export qui nous proposait un pont d'or pour acheter le détail de nos recherches. Le courrier précisait qu'en cas d'accord, les documents renfermant nos données devaient être déposés dans un casier à l'aéroport d'Orly. Cette consigne me semblait plus digne d'un roman d'espionnage que des travaux scientifiques. Bien sûr, Jean-Paul Boujot a transmis le tout à la DST pour les informer de cette prise de contact aux contours pour le moins louches. Effectivement, nous apprendrons quelques mois plus tard que la société d'import-export était une coquille vide, travaillant en sous-main pour l'Afrique du Sud intéressée apparemment par nos travaux pour améliorer ses propres installations nucléaires. Fervent admirateur de John le Carré, cette *aventure* m'a beaucoup amusé.

La suite de cette histoire est – hélas – représentative du gâchis provoqué par certains décideurs politiques ou industriels à l'égard des chercheurs français et de leurs découvertes. Quelques années après cette anecdote, nous avons reçu un nouveau courrier, cette fois signé par Westinghouse, le géant américain du nucléaire. Ses dirigeants nous remerciaient chaleureusement pour nos publications sur l'optimisation de l'ultracentrifugation qu'ils étaient parvenus à exploiter pour leur propre compte. Avec bonheur : le pouvoir de séparation des isotopes s'en était trouvé amélioré de 13 %, encore mieux que les 12 % prévus par notre modèle. Le courrier se concluait par un simple « merci beaucoup ! » J'ai eu beau retourner l'enveloppe dans tous les sens, aucun chèque n'était joint à l'envoi.

Le lecteur pourrait ici me trouver naïf ou crédule. Il était évident qu'en publiant nos résultats, même expurgés de données chiffrées, quelqu'un allait s'en emparer et en tirer profit. Alors pourquoi ne pas les avoir monnayés et les avoir rendus publics ? Je ne regrette pas un instant cette décision. La motivation essentielle des chercheurs n'est jamais pécuniaire ou financière. De plus, j'avais été payé par Cisi, tout comme l'étudiant qui m'a aidé sur ce projet, et cette publication de nos travaux dans la presse spécialisée nous a beaucoup apporté en matière de crédibilité, permettant même à mon élève de décrocher un beau poste dans l'industrie.

Si j'avais voulu devenir vraiment riche durant ma carrière, j'ai la faiblesse de croire que cela n'aurait pas été impossible… Il m'est arrivé plus d'une fois de refuser des sollicitations venues de l'étranger, dont les rémunérations offertes auraient mis ma famille à l'abri du besoin pour longtemps. J'ai accepté néanmoins quelques missions ou interventions ponctuelles, notamment dans des universités américaines, toujours parce que j'y trouvais un grand intérêt scientifique. Aujourd'hui encore, je suis professeur invité de l'université de Chicago, où je passe de vingt à trente jours par an. Cela me permet d'évaluer le gain théorique si je m'expatriais : je multiplierais mon salaire actuel au Collège de France par douze !

J'ai toujours refusé de m'expatrier, tout en veillant à gagner ma vie correctement. J'aime les mathématiques notamment parce que j'aime jouer. J'aime m'amuser en réfléchissant et réfléchir en m'amusant. J'aime résoudre des problèmes qui stimulent ma curiosité. Si j'avais le choix de travailler sur une question passionnante pour presque rien, ou plancher sur un sujet barbant contre des millions, ma décision serait vite prise. L'argent n'a jamais été une source de motivation. Je n'ai qu'un seul moteur : la passion. Si un *vieux* comme moi peut se permettre un acte désintéressé, je suis beaucoup plus préoccupé par la situation des jeunes chercheurs et par leurs salaires ridiculement faibles.

Cette histoire est déjà passablement irritante en soi, mais son épilogue atteint des sommets d'ironie – ou d'absurdité, au choix. Il y a une quinzaine d'années, la France s'est finalement ravisée : nos décideurs gouvernants ont décidé de relancer les programmes sur l'ultracentrifugation. Hélas, tout le savoir-faire (et en particulier nos améliorations) était perdu ou a été tout simplement ignoré. Nombre de technologies ont dû être rachetées à l'étranger…

Cette première expérience de mathématiques appliquées à un problème réel et significatif a été une réussite scientifique mais s'est, hélas, soldée par un échec industriel en tout cas pour notre pays.

Aujourd'hui, l'Allemagne est à la pointe de l'ultracentrifugation après avoir racheté nombre des technologies développées par des scientifiques français…

7
SUR LA ROUTE DE MADISON

Deux jours après ma soutenance de thèse d'État, je me suis marié avec la femme qui deviendra par la suite la mère de mon fils. J'ai conservé de mon éducation le sens des priorités entre vie professionnelle et personnelle : la famille doit occuper une place prépondérante dans la vie d'un Homme. De plus, un équilibre sain nécessite des distractions et des activités variées. Les mathématiques sont ma passion, mais elles n'ont jamais été l'unique horizon de mon existence. Jeune chercheur, je suis resté un grand mordu de cinéma, de musique et de littérature. Je ne manquais jamais un match des Six Nations à la télévision ou au stade. Le rugby porte des valeurs dans lesquelles je me reconnais, dont une à laquelle je suis profondément attaché : l'importance du collectif.

La recherche en mathématiques n'est pas un sport individuel. Je l'ai dit, le mythe du savant fou qui se gave d'équations chez lui ou dans son bureau, les volets fermés, a fait long feu. Le chercheur travaille en équipe, discute avec ses collègues qui planchent sur d'autres sujets, donne des conférences au sein de son laboratoire ou à l'extérieur où il se confronte au point de vue de ses pairs, français ou étrangers, ou même aux amateurs éclairés venus satisfaire leur curiosité. J'aime beaucoup cet aspect de mon travail et je l'ai expérimenté dès le début de ma carrière. Encore une fois, pardon d'écorner le mythe, mais la vie d'un mathématicien de haut niveau ressemble en vérité au quotidien de millions de travailleurs.

La routine du chercheur en mathématiques présente néanmoins deux caractéristiques très confortables, que d'autres professions – même scientifiques – ne partagent pas. La première, c'est la possibilité de travailler sans avoir recours au moindre support matériel. Nul besoin dans l'absolu de machines sophistiquées, ni d'ordinateur, ni même d'un papier et d'un crayon dans certains cas. Car avant d'être traduites en équations, les mathématiques sont avant tout le produit d'une gymnastique mentale, sur laquelle je reviendrai plus loin. La deuxième particularité découle de la première : on peut travailler partout. Au bureau, dans le train, le soir dans son lit. N'importe où, n'importe quand ! C'est un privilège autant qu'une malédiction. Nombreux sont mes proches qui s'en sont plaints, irrités de me voir littéralement *débranché* de leur réalité ! Le matin, il n'est pas rare que je reste coincé sous la douche pendant trente minutes, occupé à faire aboutir un raisonnement intéressant qui a surgi au réveil. Pas terrible pour la planète…

Que se passe-t-il concrètement dans ma tête quand je réfléchis à un problème ? Ce n'est pas facile à expliquer. L'état dans lequel je me trouve en pleine réflexion est proche de la méditation. C'est un état de concentration absolue où une heure paraît durer cinq minutes. Je mets parfois la musique à fond, mais je ne l'entends pas. Je suis à 100 % dans l'instant présent. À l'heure des repas familiaux, il m'est souvent arrivé d'être interpellé par mes proches qui me regardaient d'un air inquisiteur avant de me demander : « Es-tu là ? » Le passé et le futur n'existent pas davantage que les personnes, les bruits, ou les objets qui m'environnent.

Mais que vois-je, précisément, pendant ces moments de réflexion ? Évacuons d'emblée une idée reçue répandue quand on parle de maths : non, je ne visualise ni formes ni chiffres. Je ne fais pas de géométrie et je ne suis pas un algébriste. Je suis un analyste. Le support visuel et mental de mon travail, ce sont des équations, leurs solutions qui sont des fonctions et des inégalités entre elles. Elles utilisent des symboles, souvent empruntés à l'alphabet grec. C'est à l'Allemand Gottfried Wilhelm Leibniz, génial touche-à-tout de la fin du XVIIe siècle, que l'on doit la création de nombre des notations encore employées aujourd'hui en analyse. Ces équations, je tente de les résoudre en essayant de les attaquer par des voies nouvelles et inexplorées, à la manière d'un alpiniste. Pour ce faire, j'effectue des manipulations, évaluations ou calculs, des termes associés à tort aux seules opérations chiffrées, alors que mes équations n'en comportent pas, ou très peu.

Ma routine habituelle ressemble à ceci. J'écris d'abord l'équation ou le problème qui m'occupe sur un tableau, sur un bout de papier, mon ordinateur ou un tableau. J'essaie ensuite une première approche de démonstration. Elle est souvent très longue et complexe. Après quelques vérifications générales de plausibilité et de cohérence avec les faits connus, je la découpe en différentes tranches que je mémorise. Je me figure alors ce même tableau dans ma tête et j'effectue les manipulations et les calculs nécessaires dans chaque étape, formule après formule, comme la construction d'une structure, en me fixant des étapes intermédiaires qui forment autant de repères me signalant que je suis sur le bon chemin. Il m'arrive de sauter certaines étapes que je juge faciles ou faisables. Une fois ce travail essentiellement mental terminé, la structure partiellement ou complètement élaborée, j'accouche les éléments que je pense avoir obtenus sur papier, en détaillant les opérations et calculs effectués de tête dans chaque étape. Bien sûr, le plus souvent je découvre une erreur qui permet parfois de mieux comprendre mais qui en tout cas nécessite de recommencer voire de tenter une autre approche…

Si je refuse absolument de me considérer ou d'être considéré comme un génie, force est de reconnaître que je dispose d'un avantage qui m'aide énormément : j'ai une excellente mémoire. Beaucoup de matheux partagent cette faculté mais pas tous. Cette particularité nous permet de profiter à plein de la souplesse logistique qu'offre le métier de mathématicien. Assez tôt dans ma carrière, j'ai aussi compris qu'il me fallait éviter de travailler le soir afin de préserver un temps de sommeil suffisant. Entamer une démonstration à l'heure du dîner pouvait facilement se transformer en insomnie. J'ai toujours eu la capacité de me concentrer très vite et très facilement, dans n'importe quelle condition, mais quitter cet état de concentration intense était bien plus compliqué. Avec la maturité, j'ai appris à sortir de mes trames mathématiques très rapidement.

Les mathématiques se prêtent très bien à cette gymnastique mentale quasi méditative, car notre cerveau est parfaitement câblé pour ce genre d'exercices. Le cerveau humain aime les structures et en voit même lorsqu'il n'y en a pas. Il raisonne par concept, par système. Donnez-lui une photographie découpée en petits bouts à la manière d'un puzzle, il mettra tout en œuvre pour reproduire le cliché d'origine. Les maths ne font pas autre chose : elles tissent des liens entre différents concepts, rapprochent différentes structures pour former un tout cohérent. Elles identifient puis emboîtent les pièces du puzzle qui composent la photo, ni plus ni moins.

Une autre image me paraît illustrer ce travail de manière pertinente, en plus de faire écho à mon goût pour les polars : celle de l'enquête policière. La victime est identifiée, mais qui est le coupable ? On cherche des indices, on essaye de les relier entre eux, on teste des hypothèses, les unes après les autres, jusqu'à trouver le scénario du crime et celui qui l'a commis. La difficulté des mathématiques de haut niveau, c'est que l'on peut être amené à enquêter sur dix ou vingt crimes à la fois. Mieux vaut alors avoir les idées claires et un certain sens de l'organisation.

Comme je l'ai dit plus haut, une étape de mon travail précède toutes les autres et en constitue le socle sur lequel va se construire ma réflexion. Une fois mon équation posée, j'élabore ma stratégie d'enquête. Je m'empare de ce problème ou d'un bout de celui-ci et je le secoue, je le tords dans tous les sens dans le but de trouver une prise, une voie d'accès nouvelle jusqu'ici jamais explorée. C'est un peu comme si je visualisais mentalement un objet ou une forme et que j'essayais de la regarder d'un autre point de vue. Mais concrètement, je ne visualise aucun objet ou forme géométrique. Ce qui s'affiche dans ma tête sans visualisation véritable ne sont que des bouts d'équations, d'inégalités ou de formules mathématiques.

Comme dans toute enquête policière, l'intuition joue ici un rôle essentiel. Je suis un intuitif et c'est l'autre grand avantage que je possède. Tous les travaux qui m'ont valu une certaine reconnaissance et qui jalonneront ma carrière auront pour point commun de partir d'une intuition. J'ai été confronté à un problème, ou celui-ci m'a été soumis, et j'ai immédiatement senti qu'il existait une manière de le résoudre et qu'elle était même à portée. Comment ? Avec quels outils ? Je n'en savais rien. Mais j'avais la conviction que la solution existait, quelque part, peu importait le temps qu'il me faudrait pour la découvrir. L'un de mes travaux bien connus, en mécanique des fluides compressibles, a eu pour origine une simple intuition. Après quoi, il m'a fallu neuf ans pour parvenir au résultat que j'avais pressenti. À aucun moment je n'ai douté que je réussirais. Mon intuition m'a rarement déçu. Je lui dois beaucoup.

Au jeu des analogies qui éclaire le travail du mathématicien, et hormis celle développée plus haut de l'enquêteur de police, il en est une autre tout aussi pertinente : celle du joueur d'échecs. Face à une équation, nous avançons comme face à un échiquier, essayant de prévoir les conséquences en cascade du coup que nous allons jouer et anticipant les répliques de l'adversaire. Mais cette métaphore entraîne alors une question fondamentale : contre qui jouons-nous ?

Cette interrogation m'amène à préciser mon point de vue sur la nature fondamentale des mathématiques. Je l'ai évoqué plus haut, certains scientifiques ou philosophes considèrent que l'existence des mathématiques précède l'apparition de l'Homme et ont, en quelque sorte, une vision platonicienne des mathématiques. En d'autres termes, les mathématiques existeraient par elles-mêmes et depuis la nuit des temps, et le jeu consisterait pour nous, mathématiciens, à en percer les mystères pour qu'elles se révèlent à nos cerveaux de simples mortels. Avec une mauvaise foi assumée, on pourrait dire que l'adversaire de l'autre côté de l'échiquier n'est autre que Dieu, dans sa dimension religieuse ou plus prosaïque de grand architecte de l'univers.

Je ne partage pas cette vision métaphysique des maths. Je ne prétends pas l'exclure totalement, car personne ne peut apporter d'arguments définitifs en la matière, mais elle ne colle pas avec mon athéisme et ma personnalité terre à terre. Pourtant, je me suis moi aussi déjà pris à *contempler* la *beauté* d'une construction, d'une formule mathématique. Ce moment magique où tout s'emboîte, où tout s'éclaire de manière si harmonieuse que l'on se prend à imaginer que le résultat obtenu était là depuis toujours, sous verrou, tapi dans l'ombre, à attendre qu'un esprit plus ou moins éclairé se présente avec la bonne clé pour être révélé. Si j'ai pu expérimenter ce sentiment puissant et vertigineux, je lui trouve une autre explication moins spectaculaire : le fonctionnement de notre cerveau, que je ne comprends d'ailleurs pas, ce qui rend mes propos hautement discutables et probablement ridicules.

Le cerveau humain possède à mon sens deux caractéristiques qui favorisent à la fois le raisonnement mathématique et ce sentiment de vertige esthétique qui l'accompagne parfois. La première, que j'ai déjà brièvement évoquée, est le goût naturel de notre cerveau pour les concepts. Confronté à de multiples informations plus ou moins liées les unes aux autres, il cherche à rassembler ce qui peut l'être dans un même bloc pour mettre en lumière une organisation cachée, une structure cohérente. Tout le monde comprend le *concept* du chien, quand bien même il en existe des centaines de races différentes. Même confronté à une race inconnue, notre cerveau est capable, en reliant différents indices, de reconnaître qu'il a bien affaire à un chien. Cette capacité à tisser des liens, à relier des points entre eux pour former un tout est à la racine du raisonnement mathématique.

La deuxième particularité est que notre cerveau est une formidable machine à produire du plaisir. Ce sentiment de beauté et d'harmonie qui peut jaillir d'une découverte, et que certains prennent parfois pour le souffle de Dieu, n'est à mon sens qu'une réaction chimique qui vient, à juste titre, récompenser nos efforts. Cela étant, je le répète : il s'agit ici d'une conviction, tant il m'est impossible – comme aux partisans de l'hypothèse contraire – de démontrer quoi que ce soit en la matière. Et cela d'autant plus que je ne suis pas expert ni en neurosciences ni en psychologie (et souvent je me dis que je n'entends pas non plus grand-chose aux maths !)…

En prenant mon premier poste d'enseignant-chercheur pendant la rédaction de ma thèse d'État, je n'avais aucune idée de ce que revêtait précisément ce terme d'« enseignant-chercheur ». J'ignorais à quoi ressemble le quotidien d'un mathématicien, mais je savais que la recherche appliquée en soi allait me passionner. Ma deuxième année à Normale Sup a produit le déclic que j'attendais pour connaître l'orientation à donner à ma carrière scientifique. Un peu plus tard, la mission que m'avaient confiée Cisi et le CEA m'a convaincu de la nécessité pour moi de trouver un équilibre entre aspects théoriques et applications.

Le début de ma vie professionnelle a donc commencé en 1979 par un poste d'enseignant-chercheur au CNRS affecté à l'université Paris VI. Ce dispositif, aussi connu sous le nom d'attaché de recherche, permet à un jeune chercheur de n'avoir aucune autre contrainte si ce n'est de se consacrer entièrement à un ou des projets de recherche. C'était pour moi une situation idéale : j'ai ainsi eu la possibilité de découvrir pendant deux ans le monde de la recherche publique en profitant de la tranquillité d'esprit liée à mon rattachement au CNRS qui n'impose aucune contrainte aux chercheurs hormis celle… de chercher. Je savais, en outre, que plusieurs options restaient ouvertes : poursuivre ma carrière à l'université ou intégrer la recherche privée, dans l'industrie par exemple. Je n'écartais pas cette éventualité. L'essentiel était de continuer à m'amuser, peu importe le nom ou la nature de l'employeur même si la carrière universitaire était l'option la plus naturelle…

Si j'étais si serein dans les opportunités qui pouvaient s'offrir à moi, c'est parce que j'appartenais à une génération de privilégiés. Les jeunes chercheurs qui entrent aujourd'hui dans le monde du travail n'ont aucune idée de la chance dont les *anciens* comme moi ont bénéficié. Quel que soit notre champ de recherche, nous savions que nous n'aurions aucune difficulté à trouver un poste pour mener à bien nos travaux. En sciences comme ailleurs, un diplôme d'études supérieures représentait une garantie de trouver un emploi. J'ai vu la situation se dégrader dès la fin des années 1980. Certains diplômes universitaires, y compris en sciences, n'offraient plus de débouchés, même si les maths appliquées étaient – et restent encore – relativement préservées par cette crise au long cours. Aujourd'hui, intégrer la recherche publique est une gageure tant les candidats sont nombreux et les places limitées, faute de budgets. De plus, les salaires des jeunes chercheurs sont aujourd'hui indignes : en France environ 1,3 fois le SMIC pour les jeunes talents si importants pour l'avenir de notre pays ! Nous n'avions pas ce genre de problème : il suffisait d'avoir des aptitudes et de la motivation, et toutes les portes s'ouvraient devant nous. Mieux encore : nous étions libres de choisir nos sujets de recherche sans pression liée à l'air du temps ou à l'agenda des politiques en matière d'innovation. Cette liberté absolue aujourd'hui malmenée, j'en ai profité tout au long de ma carrière et je considère qu'elle n'est pas étrangère aux succès qui ont été les miens.

Dans mon laboratoire de maths appliquées à Paris VI – celui de ma soutenance de thèse d'État, qui porte maintenant le nom de mon père –, j'ai donc découvert le quotidien d'un chercheur en mathématiques, dont j'ignorais tout. Si le déroulement d'une journée pouvait bien sûr varier, il commençait le plus souvent par la lecture d'articles écrits par les spécialistes du monde entier sur des sujets m'intéressant.

La publication d'articles est au cœur du métier de chercheur, quelle que soit la discipline. C'est ainsi qu'il fait connaître son travail, le valorise et le situe par rapport aux autres activités en cours dans son domaine. C'est aussi et surtout une manière pour ses pairs comme pour son directeur de recherche d'évaluer la qualité et la pertinence de ses travaux. Aujourd'hui, les articles sont le plus souvent disponibles en ligne et consultables grâce à des mots-clés avant même leur publication officielle dans les revues spécialisées. Avec le recul, j'estime aujourd'hui que le système des revues scientifiques est dépassé, bien qu'il perdure : il pousse à une surproduction quantitative davantage que qualitative et privilégie les travaux *à la mode* au détriment de ceux qui prennent le pari d'emprunter des chemins de traverse et qui, l'histoire des sciences le prouve, sont à l'origine des plus grandes et importantes découvertes. J'y reviendrai.

Les articles des scientifiques offrent donc une base quotidienne sur laquelle le chercheur situe ses recherches en cours. Mais ils sont aussi une source de discussion avec les collègues de son laboratoire : telle publication fait l'objet d'échanges et nourrit des discussions informelles d'où naissent de nouvelles idées qui nourrissent ses propres travaux. Ces mêmes conversations, parfois sur des sujets très différents des questions qui m'occupaient, ont quelquefois suffi à déclencher une réflexion sur laquelle j'ai travaillé des jours, des semaines, voire des années. J'ai découvert dès mes premiers mois à Paris VI que cette interaction entre collègues était indispensable à la bonne marche d'un projet de recherche. J'ai surtout beaucoup apprécié cet aspect du quotidien, à la fois convivial et si enrichissant sur le plan intellectuel. Il n'y avait pas ou peu de réunions formelles : toutes ces discussions s'organisaient au débotté, et le tutoiement entre collègues était la règle, peu importe l'ancienneté ou le prestige de votre voisin de bureau.

L'agenda d'un chercheur en mathématiques comprend un autre temps fort : les séminaires. Le plus souvent hebdomadaires, ils voient un mathématicien s'exprimer pendant environ une heure devant des collègues de son laboratoire ou extérieurs à celui-ci pour faire le point sur ses avancées, un aspect précis de ses recherches, ou partager simplement ses réflexions du moment. Cet exercice est là aussi essentiel, car au-delà du plaisir du partage, il est porteur de bénéfices égoïstes : en présentant les motivations, les sentiments voire les états d'âme qui l'occupent, l'intervenant est obligé de faire preuve de didactisme. Cet effort de compréhension pour les autres est aussi un effort de compréhension pour lui-même et permet souvent de faire avancer sa propre réflexion. Car même à ce haut niveau de compétences, les chercheurs ont du mal à se comprendre les uns les autres, tant les sujets abordés sont d'une grande technicité. Ce qui est incompréhensible pour le grand public l'est aussi pour beaucoup de spécialistes, y compris à l'intérieur d'un même laboratoire ou champ de recherche.

L'autre aspect intéressant du métier est l'ouverture sur l'extérieur. En mathématiques – peut-être même plus que dans d'autres domaines scientifiques –, la collaboration entre laboratoires du monde entier est foisonnante. À Paris VI, nous recevions en permanence la visite de collègues étrangers dont les travaux nous intéressaient et qui étaient eux aussi intéressés par nos travaux. De même, il n'était pas rare que nous fussions invités à nous exprimer lors de séminaires à l'étranger, ou pour assister à une conférence en tant qu'acteur ou simple participant. En devenant chercheur, je ne m'attendais pas du tout à autant voyager, même si j'avais pu l'entrevoir avec les incessants déplacements de mon père. Pour un curieux pathologique comme moi, l'opportunité de parcourir le monde pour assouvir ma passion était un enchantement.

Un congrès de mathématiciens ressemble à un petit monde miniature avec ses codes et ses règles. L'étymologie latine de « congrès » renvoie à la rencontre sexuelle entre un homme et une femme. Si l'aspect libidineux y est rarement présent, force est de constater que c'est à tout le moins un lieu de rencontres et de plaisir. Les chercheurs du monde entier s'y réunissent autour d'un thème donné, parfois très vaste, parfois très pointu. Du congrès international de mathématiques ou celui de mathématiques appliquées qui ont lieu tous les quatre ans et rassemblent environ trois mille participants, au plus petit atelier, ces rendez-vous constituent toujours un moment de partage mais surtout de tissage de liens et de créations de réseaux entre spécialistes d'un même domaine de recherche. Je m'y suis forgé quelques amitiés à la fois sincères et utiles sur lesquelles j'aurai l'occasion de m'étendre.

L'un des premiers lieux où j'ai présenté un exposé m'a laissé un souvenir pour le moins impérissable. J'avais 22 ans et je devais m'exprimer dans l'enceinte mythique du Courant Institue de New York, l'un des plus importants centres de recherche en mathématiques des États-Unis. Déjà peu à l'aise à l'idée de parler devant un public aussi nombreux et pointu, j'ai complètement paniqué en constatant qu'une brochette de mathématiciens parmi les plus célèbres du moment devaient assister à mon exposé. Avant d'entrer sur scène, je fus pris d'un trac incontrôlable. Impossible de rester dans mon coin à attendre que l'heure tourne. Profitant de mon anonymat, j'ai eu l'idée d'entrer dans la salle, pour retrouver un semblant de calme en m'installant au milieu des travées qui commençaient à se remplir.

Assis au deuxième rang, j'ai alors aperçu l'une des stars de l'époque, un grand spécialiste des mathématiques appliquées connu de tous et dont je préfère taire le nom. Il était entouré de sa cour. Mon trac a redoublé d'intensité. Il conversait avec l'un de ses protégés. J'ai tendu l'oreille, les jambes chancelantes et le rythme cardiaque galopant.

– Je me demande de quoi Lions va nous parler aujourd'hui, a glissé le grand ponte à son disciple, avec un air gourmand.

Ce dernier s'est cru obligé de doucher ses ardeurs :

– Non, non, ce n'est pas Lions qui parle. C'est son fils, Pierre-Louis.

La grande star a réagi à cette révélation par un regard d'abord interloqué, puis contrarié. Après quoi, il a pris ses affaires, s'est levé et a quitté la salle sans demander son reste. J'ai littéralement éclaté de rire. Cette scène dont je n'avais pas raté une miette a immédiatement tué la solennité du moment et du même coup le trac qui me tordait les boyaux. Mon exposé s'est très bien passé.

Le premier congrès auquel j'ai été convié comme simple participant se tenait également aux États-Unis, au Centre de recherches mathématiques de Madison, dans l'État du Wisconsin. C'était à l'automne 1977. Entre deux conférences, j'y ai fait la rencontre de Michael « Mike » Crandall, un Américain d'origine suédoise de quinze ans mon aîné. C'était un grand gaillard costaud comme moi. Notre ressemblance physique nous a sauté aux yeux à tous les deux. À l'époque, Mike était déjà un mathématicien reconnu, passé par les prestigieuses universités Berkeley, Stanford et de UCLA en Californie. Nous avons tout de suite sympathisé. Il a grandi dans un milieu très modeste. Son père était ouvrier itinérant et vivait la plupart du temps dans une roulotte. Pour faire ses exercices physiques, le petit Mike devait se contenter d'une barre de fer coincée entre deux blocs de parpaings bricolée par papa. Le courant passait si bien qu'il m'a présenté à sa famille. Nous parlions beaucoup de tout et notamment de sport, une passion commune, puis, quand le sujet était épuisé, de mathématiques. Je suis rentré en France avec la promesse de garder le contact.

Sans le savoir, cette promesse posait la première pierre de la médaille Fields qui me sera remise dix-sept ans plus tard.

8
SUBSTANCE VISQUEUSE

Le *coup de foudre* entre Mike Crandall et moi fut aussi amical que professionnel. Encore plus que moi à l'époque, Mike était un spécialiste des équations aux dérivées partielles non linéaires et donc de tout ce qui touche de près ou de loin à la description mathématique du mouvement d'objets, de gaz, d'ondes, ou de fluides dans un environnement donné. En clair, la traduction mathématique de phénomènes physiques. Comme évoqué auparavant, ces équations sont les descendantes en ligne directe de celles écrites par Newton puis par Euler, pour modéliser en termes mathématiques le comportement des forces à l'œuvre dans la nature comme la force gravitationnelle, complétées par la force électromagnétique décrite par James Clerk Maxwell en 1864.

Mon champ de recherche, proche de celui de Mike, visait à appliquer ces équations au domaine du contrôle optimal. J'ai déjà évoqué un exemple concret de problème de contrôle optimal dans le cadre de ma première mission industrielle pour Cisi. Et j'en mentionnerai plus loin d'autres exemples.

Après notre première rencontre en 1977, Mike m'a invité une fois par an à venir lui rendre visite dans son centre de recherches, à Madison, pour échanger sur nos centres d'intérêt, dont les maths... À partir de 1981, c'est comme enseignant-chercheur à Paris-Dauphine que j'effectuerai le déplacement. J'ai été recruté par l'université parisienne réputée pour sa formation d'économie-gestion à l'issue de mes deux années d'attaché de recherche au CNRS. À l'époque, Dauphine était un petit établissement qui comptait à peine quelques milliers d'étudiants. Pour une raison simple : elle était la seule université parisienne à opérer une sélection de ses étudiants à l'entrée. Ce parti pris a permis de valoriser les différents cursus, souvent comparés à ceux des grandes écoles de commerce, tout en limitant le nombre d'étudiants, ce qui faisait de Dauphine l'une des rares universités françaises à taille humaine. Cette particularité me plaisait : peu d'élèves, donc peu de profs, et donc des liens plus étroits entre ces derniers. Le travail en équipe, me disais-je, devait s'en trouver facilité.

Si Dauphine était déjà réputée pour ses formations d'économie, de gestion et de finance, elle ne jouissait alors d'aucune espèce de prestige dans le monde des mathématiques. Et pour cause, seuls trois professeurs de maths y avaient élu domicile : Ivar Ekeland, excellent mathématicien qui s'illustrera plus tard aussi par des ouvrages de vulgarisation scientifique ; Jean-Pierre Aubin, spécialiste des systèmes dynamiques, et Alain Bensoussan, ancien élève de mon père au sein de son laboratoire de mathématiques appliquées, dont les travaux entre analyse et probabilités abordaient notamment le contrôle optimal. Ils étaient tous trois chargés de la formation en mathématiques appliquées en sciences sociales, plus connue sous le nom de MASS. Une filière dédiée aux maths, centrée sur les problématiques statistiques, probabilistes et d'optimisation. Le but était de former des professionnels de la modélisation mathématique au service de l'économie, de la finance et de la gestion : actuariat, marketing, traitement de données, économie mathématique, etc.

Jean-Pierre Aubin, qui connaissait mon intérêt pour le contrôle optimal, m'a proposé de venir étoffer sa petite équipe d'enseignants-chercheurs composant le laboratoire de mathématiques de l'université créé dix ans plus tôt, le Centre de recherche en mathématiques de la décision, le CEREMADE. Les travaux du labo se consacraient essentiellement au contrôle optimal (et autres problèmes reliés), un champ de recherche alors peu défriché, en France tout du moins. Derrière ce terme un peu barbare se cachent les sciences de l'aide à la décision. Elles s'intéressent aux situations où un système évolue dans un environnement à la fois changeant et incertain, avec pour objectif de faire au mieux, c'est-à-dire d'optimiser la conduite de ce système, et nécessite d'avoir au préalable modélisé le comportement du système et donc optimiser sa gestion. Le défi du stochastique – est qualifié de « stochastique » ce qui est aléatoire et qui relève en conséquence du calcul de probabilités – est donc de réduire, par le calcul, la part d'aléatoire d'une situation donnée à sa portion congrue. En économie et en gestion, les applications concrètes du contrôle stochastique sont nombreuses et vont de la gestion optimisée des stocks d'une entreprise, à l'ingénierie financière. Initialement introduites pour les problèmes d'évolution en mécanique, elles sont liées au calcul des variations issu du principe de Fermat, ou du principe de moindre action et à son extension moderne à travers le contrôle optimal. Complexes à résoudre aussi bien théoriquement que numériquement, elles pointent plusieurs difficultés mathématiques. D'une part, les solutions présentent en général des singularités, un peu comme une courbe avec des pointes. Et d'autre part, les solutions *avec des pointes* sont très nombreuses ! Il fallait donc trier ces solutions pour exhiber la bonne, celle correspondant à la situation concrète étudiée.

Lorsque Jean-Pierre Aubin m'a proposé de rejoindre le CEREMADE, je travaillais au contrôle stochastique. Ce domaine réunit nombre de mes marottes : les équations aux dérivées partielles non linéaires, les probabilités et le contrôle optimal. La prudence dictait que je poursuive ma carrière au labo de maths appliquées de Paris VI, auréolé d'un certain prestige et où je m'étais déjà forgé une petite réputation. Mais mon attirance naturelle pour les défis et les chemins de traverse rendait sa proposition tout simplement irrésistible. Jean-Pierre Aubin et ses collègues ont tout de même pris soin de me préciser que la faible renommée du laboratoire le privait des coups de pouce budgétaires du ministère de la Recherche ou du CNRS. Le quotidien des chercheurs était fait d'entraide et de débrouille, mais à l'heure de choisir les terres à explorer, c'était aussi la garantie d'une certaine tranquillité. Autant d'arguments supplémentaires à mes yeux.

Contrairement à mes deux années passées sous la houlette du CNRS, je n'étais plus dispensé de donner des cours en parallèle de mes projets de recherche. Je me suis donc retrouvé, à seulement 25 ans, dans des amphithéâtres d'université, en train de faire classe à une centaine d'étudiants de mon âge, voire même un peu plus âgés pour les élèves en fin de cursus. Mon cours était consacré aux bases de l'analyse mathématique, à savoir le calcul différentiel et ses applications à l'optimisation. La perspective de m'exprimer dans un amphi bondé m'emplissait d'effroi. Le jour de mon premier cours magistral, j'étais horriblement nerveux. Au moment de rejoindre l'estrade en traversant la salle de classe le ventre noué, j'ai entendu les commentaires d'étudiantes qui gloussaient à mon passage. Ma jeunesse et mon look – cheveux très longs décolorés par le soleil – détonaient et m'ont rapidement valu un surnom original : le surfeur. Au surf, je préférais en réalité le bodyboard, que je pratiquais en vacances, mais je n'allais pas chipoter.

J'ai d'abord préparé un cours sur polycopié qui me servait à la fois de soutien pédagogique et de béquille émotionnelle. Puis, je m'en suis peu à peu écarté, la confiance aidant. Comme toujours, c'est mon sens de l'humour, ou en tout cas mon besoin de toujours plaisanter, qui m'a aidé à masquer puis à surmonter ma timidité. J'ai vite pris mes marques, retrouvant ce plaisir de transmettre que j'avais touché du doigt pendant mon année de troisième. À beaucoup d'égards, un amphithéâtre est une scène. J'ai su en jouer petit à petit, transformant au fil du temps certains de mes cours magistraux ou exposés en véritables spectacles (plus ou moins réussis…). Cet aspect de mon métier, qui m'avait tant angoissé, m'a très vite comblé et me ravit encore aujourd'hui. À cette époque, mon planning suivait une logique assez simple : je m'arrangeais pour caler le maximum de cours le matin afin de pouvoir me consacrer l'après-midi à mes projets de recherche.

Si j'insiste tant sur l'importance du hasard et des rencontres dans ma carrière, c'est parce que je leur dois quelques-uns des travaux dont je suis le plus fier. Ainsi, mon premier travail reconnu internationalement de recherche en mathématiques a démarré au cours d'une visite chez Mike Crandall à Madison. Mike et moi avions un intérêt commun pour un type d'équations particulières : les équations de Hamilton-Jacobi, équations classiques de la mécanique, du calcul des variations et du contrôle optimal.

Lors de mes visites annuelles à Madison, Mike et moi avions plusieurs fois évoqué la possibilité de travailler ensemble. Mais nous n'avions jamais franchi le pas de manière concrète. Au fond, nous sentions qu'une collaboration entre nous serait fertile, mais nous n'avions pas de sujet précis sur lequel plancher. Nos discussions professionnelles se bornaient le plus souvent à réfléchir à une manière de simplifier la résolution des équations de Hamilton-Jacobi. C'est lors de mon escapade à l'université de Madison en 1982, un an après mon arrivée à Dauphine, que l'une de ces conversations va aboutir à un chantier commun qui deviendra ce que je pense être mon premier coup d'éclat dans le monde des mathématiques : les solutions de viscosité.

Avant d'entrer dans le détail de ce que recouvre ce terme, il faut se rappeler le principe des équations non linéaires. Celles-ci décrivent des phénomènes physiques dont l'addition de causes ne produit pas une addition d'effets. Le prix de trois kilos d'orange est bien trois fois le prix d'un kilo. L'addition de causes entraîne une addition d'effets. (Observons d'ailleurs que les non-linéarités pointent le bout de leur nez si on veut acheter une très grande quantité d'oranges.) Imaginons maintenant un vent qui souffle à 50 km/h rencontrant un vent qui souffle à la même vitesse : le tourbillon ne créera pas des vents à 100 km/h mais tout un tas de bourrasques chaotiques aux vitesses différentes et changeantes. C'est non linéaire. La vitesse du vent ou la cuisson d'un gâteau sont des phénomènes fortement ou totalement non linéaires. De plus, nombreuses sont les situations où additionner (les effets) n'a simplement aucun sens. Ainsi, additionner deux images n'a aucun sens. La linéarité est un monde où la Terre est plate et la réalité est le plus souvent non linéaire. Dans ce dernier cas, les outils mathématiques classiques se révèlent limités voire d'aucune aide. Modéliser ces phénomènes ne peut donc qu'aboutir à des équations non linéaires, telles celles de Hamilton-Jacobi ou celles de Navier-Stokes, que j'ai déjà évoquées plus haut. De plus, elles peuvent avoir de multiples solutions parmi lesquelles on souhaite séparer le bon grain de l'ivraie.

Pour comprendre l'intérêt des solutions de viscosité, prenez un phénomène physique banal : le feu de forêt. Imaginez deux départs de feu distants de quelques dizaines de mètres et qui se déplacent à vitesse constante. Chaque foyer peut être représenté par un disque dont le diamètre s'agrandit à mesure que les flammes se propagent. Au bout d'un certain temps, les deux disques vont se rapprocher, jusqu'à se toucher. À la jonction des deux fronts ainsi réunis va naître une forme bizarre qui n'a plus rien à voir avec nos deux cercles. Au moment où les deux disques se touchent, des pointes apparaissent au point de jonction, ce sont les singularités évoquées plus haut. Et donc, pour le mathématicien soucieux de modéliser la propagation de ce foyer anarchique, un sacré casse-tête qui se traduit par des équations produisant une multiplicité de solutions possibles avec des pointes. Pourtant le feu se propage d'une manière certaine et il s'agit donc de trouver la *bonne* solution, celle qui lui correspond.

La bonne idée que Mike et moi avons eue pour tenter de modéliser – et donc de simuler au mieux – l'évolution de ce type de phénomène complexe est de nous inspirer d'un principe issu de la mécanique des fluides : la viscosité. Souvenez-vous : dans la modélisation du mouvement de l'air, la viscosité correspond au « frottement » de l'air grâce auquel les oiseaux peuvent voler. Bien sûr, ce frottement n'est pas le seul acteur à jouer un rôle dans le vol des oiseaux et ne suffit donc pas à modéliser le mouvement de l'air avec précision. Mais il en constitue en quelque sorte la *substance*, ce qui subsiste une fois les autres notions communément à l'œuvre en physique classique – vitesse, accélération, etc. – prises en compte. Il met en lumière sa spécificité, autrement dit, ce qui le distingue des autres phénomènes physiques.

Appliquée à notre feu de forêt par exemple, la viscosité effectue ce même travail de tri entre les variables importantes et celles ne jouant aucun rôle dans la progression du foyer. Elle effectue une régularisation, une sorte de *lissage* de notre front de flammes anarchiques, en créant une zone intermédiaire entre le brûlé et le non brûlé, pour aboutir au calcul de « l'essence » de sa progression. Passé à la moulinette de la viscosité, notre feu de forêt s'assagit. Sa forme et sa progression apparaissent de manière plus lisse, quoique plus imprécises. Résultat : les équations modélisant ce joyeux bazar, qui offraient jusqu'ici des solutions multiples, produisent cette fois une seule solution. Ce qui était incertain tout à coup ne l'était plus. La prévision devenait possible.

La vraie bonne idée que Mike et moi avons eue est d'appliquer ce principe physique de la viscosité à des classes très larges d'équations contenant celles provenant du contrôle optimal. Ce faisant, nous rendions possible une compréhension précise des modèles complexes liés à d'autres situations que celles rencontrées en physique ou en mécanique : prix ou stocks en économie, paquets de données en informatique, mais aussi flux de véhicules pour la gestion du trafic routier, niveau de gris d'images numérisées, etc.

Le champ d'applications était à l'évidence immense puisqu'il contenait celui du contrôle optimal et ne cesse, à ce jour, de s'agrandir, du traitement d'images à la finance de marché, jusqu'à la modélisation de phénomènes aléatoires très complexes dans les réseaux mobiles de télécommunications. J'y reviendrai plus en détail, d'autant que je me suis occupé de creuser quelques-uns de ces sillons.

Une fois la première porte de notre raisonnement ouverte, Mike et moi avons tiré le fil pendant quelques mois avant d'aboutir à un article solide, prêt à être partagé avec l'ensemble de la communauté mathématique. C'est en 1983 que nous avons publié le premier article dévoilant notre trouvaille, sobrement titré « Les solutions de viscosité des équations de Hamilton-Jacobi », dans une revue américaine de mathématiques. À aucun moment Mike et moi n'avons envisagé de flatter nos egos en baptisant notre théorie « solutions de Crandall-Lions ». Pas vraiment mon genre et pas davantage le sien. En quelques années, des centaines de publications citant notre article en référence allaient fleurir, analysant notre théorie sous toutes les coutures, la poussant vers d'autres contrées, ou lui trouvant des applications que Mike et moi étions bien loin d'imaginer. Cette communauté s'est montrée vite enthousiaste et passionnée. Le constater m'a procuré un sentiment de joie et de fierté. Mais je n'en ai tiré nulle gloire.

Je ne suis pas l'homme le plus modeste du monde mais je connais mes limites et mes défauts. Je sais ma valeur dans mon champ de compétence que sont les mathématiques, mais aussi celle de mes collègues. Je suis heureux de ce que j'arrive à faire en maths tout en mesurant l'immensité de ce que je ne sais pas faire. En tout cas, le sentiment de gloire m'est étranger. Près de quarante ans après que nous les avons théorisées, les solutions de viscosité continuent d'être utilisées et débattues par des mathématiciens du monde entier, mais beaucoup ignorent, ou vont oublier, le nom de ceux qui les ont développées. Cela me va très bien comme ça. Et ne pensez pas que c'est la sagesse supposément liée à mon âge désormais avancé qui m'amène à adopter ce point de vue. Je n'étais pas différent à 25 ans.

Trois ans après la publication de cet article fondateur, Mike m'a invité à passer du temps pendant les vacances d'été avec ma famille à Santa Barbara, en Californie, où il venait de décrocher un nouveau poste à l'université. À notre arrivée, il m'a informé qu'il avait reçu commande d'un article à vocation encyclopédique sur les solutions de viscosité. À l'époque, environ cinq cents articles de revues scientifiques et trois livres analysant notre découverte et ses applications avaient déjà été rédigés. Fatigué par le voyage et le décalage horaire, je n'avais aucune envie de m'y atteler, mais j'ai accepté que nous nous mettions au travail sans plus tarder, histoire de nous en débarrasser.

Nous avons commencé à plancher vers 21 heures sur la jolie terrasse de Mike, baignée par les températures douces du climat californien et le chant des grillons. L'atmosphère invitait davantage à la contemplation qu'à la concentration. Mike n'était pas plus motivé que moi. Pour nous donner du courage, il n'a pas tardé à agrémenter notre tâche laborieuse de délicieux cigares et d'une bonne bouteille de tequila. La rédaction de l'article s'est poursuivie tard dans la nuit dans cette ambiance de détente, de rires et de convivialité.

Le lendemain matin, à la lecture du papier, tout était à jeter.

9
LE TATOUAGE

À ce stade du récit, certains lecteurs se disent peut-être que le travail d'un mathématicien de haut niveau, aussi intéressant et utile soit-il, n'a rien de bien excitant. Je peux le comprendre. À la lumière des souvenirs qui précèdent, mon quotidien apparaît assez éloigné de celui de Corto Maltese, des aventures duquel je suis par ailleurs un lecteur avide et un fan absolu. Ce n'est pas faux. Il y avait donc peu de chances que ma passion pour les équations à rallonge me conduise à être témoin d'une fusillade dans un restaurant mexicain de Los Angeles à neuf mille kilomètres de mon laboratoire parisien. Je savais que la découverte des solutions de viscosité – l'une des principales briques de mes contributions aux mathématiques – aurait des conséquences inattendues sur la suite de ma vie professionnelle, mais j'avoue que celle-ci ne figurait sur aucun de mes radars.

Pour comprendre comment je me suis retrouvé à entendre des balles de fusil siffler autour de moi à cause d'une poignée d'équations alambiquées, il faut d'abord reprendre le fil de ma carrière d'enseignant-chercheur à Dauphine. Après le développement des solutions de viscosité, je me suis attaché à un nouvel ouvrage théorique : l'analyse mathématique de problèmes issus de la physique quantique et en particulier de la physique nucléaire. Ou, plus précisément, de certains phénomènes comme la fission des atomes, le processus de séparation d'un noyau atomique en plusieurs morceaux à l'origine de la réaction en chaîne qui crée l'énergie nucléaire. Cette fois, aucun rapport avec l'économie ou la gestion.

C'est une rencontre et une amitié nées de mon intérêt personnel pour la physique qui m'a amené à explorer ce terrain de jeu : celle nouée avec Daniel Gogny, alors physicien au CEA. Au début des années 1980, nous avions un petit rituel : une matinée par semaine, nous nous donnions rendez-vous pour parler physique à bâtons rompus à la recherche de sujets d'intérêt commun. Au début, j'ai beaucoup écouté et appris. Puis, les échanges se sont équilibrés. Daniel Gogny trouvait intéressant d'avoir le point de vue d'un matheux sur certaines impasses sur lesquelles lui et ses collègues butaient. Et je crois aussi que la perspective du déjeuner rituel dans un restaurant vietnamien voisin clôturant ces matinées contribuait beaucoup à sa motivation. C'est lors d'une de ces discussions qu'il m'a mis sur la piste de ma deuxième trouvaille : le principe de concentration-compacité.

Moins qu'une théorie à proprement parler, il s'agit d'une méthode d'analyse innovante qui permet de résoudre beaucoup de problèmes dits de minimisation d'énergie. Par exemple, dans les approches effectives de l'étude des noyaux en physique nucléaire, les neutrons et les protons qui composent les noyaux atomiques peuvent former un noyau stable ou, au contraire, se séparer en deux groupes (fission) suivant ce qui est préférable du point de vue du bilan d'énergie (toujours le principe de moindre énergie). Comprendre ces phénomènes dans le cadre des modèles mathématiques de la mécanique quantique est devenu mon objectif. En physique nucléaire, les objets – en l'occurrence des particules – s'agitent, se cassent, se brisent dans un joyeux fatras, là encore, d'apparence très chaotique. Le défi de la minimisation d'énergie est précisément d'arriver à modéliser ce feu d'artifice d'énergie illisible pour en tirer une photographie claire et compréhensible. Avec l'aide d'un immense probabiliste, le mathématicien américain d'origine indienne Srinivasa Varadhan, j'ai développé une façon nouvelle d'analyser ces phénomènes en parvenant à classifier les comportements possibles de tels paquets de particules en traduisant mathématiquement les trois possibilités : éparpillement complet, un seul paquet ou au moins deux paquets qui s'éloignent l'un de l'autre ! En clair, ma découverte pouvait s'assimiler à la fabrication d'une paire de lunettes permettant de voir ce qui se passe dans ces modèles en complément des expériences numériques des physiciens.

Les applications de la méthode de concentration-compacité sont plus larges que cet effort de vulgarisation peut le laisser croire. Elle est utile dans certains domaines des mathématiques mais, surtout, elle révèle tout son potentiel dans nombre de problèmes concrets constatés par les physiciens. Le principe de concentration-compacité permet de résoudre mathématiquement certains de ces problèmes et ainsi de faire une analyse critique des modèles. Il renforce également la solidité théorique des simulations informatiques, parfois discutables, voire sujettes à caution.

J'ai publié sous mon seul nom le résultat de mon travail aboutissant au principe de concentration-compacité en 1983. J'avais proposé à Srinivasa Varadhan d'écrire l'article à quatre mains et d'associer son nom à la publication, tant son aide s'était avérée décisive. Il a modestement refusé. C'est son approche de mathématicien probabiliste qui avait constitué l'étincelle de départ. Une fois de plus, c'est la réunion de deux champs théoriques différents qui m'a permis d'ouvrir une brèche dans laquelle j'ai pris plaisir à m'engouffrer.

Les solutions de viscosité partaient d'un raisonnement issu de la mécanique des fluides appliquée à des problématiques d'optimisation. Cette fois, c'est une approche de mathématicien probabiliste qui m'a permis de résoudre une difficulté rencontrée en physique. Cette manière d'aborder un champ théorique par le prisme d'un autre, en apparence sans rapport direct, est à la base de la plupart de mes découvertes *importantes*. Elle est aussi la preuve qu'en mathématiques comme dans toutes les sciences, la collaboration, le travail en équipe et l'ouverture d'esprit sont essentiels. Car si, dans la majorité des cas, tout est parti d'une intuition que j'ai suivie sans trop savoir où j'allais, cette même intuition trouvait le plus souvent sa source dans une discussion avec l'un de mes collègues, mathématicien ou scientifique issu d'une autre discipline. Mon goût pour le travail en équipe n'est pas qu'une lubie destinée à rendre le quotidien plus agréable : c'est aussi et surtout un formidable catalyseur à bonnes idées.

Le troisième gros bloc théorique de ma période pré-médaille Fields concerne l'équation de Boltzmann. Ludwig Boltzmann était un physicien autrichien du XIXe siècle à qui l'on doit des apports théoriques considérables allant de la mécanique des fluides à l'électricité, en passant par l'acoustique et la thermodynamique. En clair, tout ce qui touche de près ou de loin à la modélisation du mouvement des corps – gaz, ondes et plus généralement les particules à l'échelle atomique quelles qu'elles soient – lui paraissait digne d'intérêt.

Ses travaux en mécanique des fluides concernaient notamment le mouvement de l'air dans une atmosphère de gaz raréfiés. Le cas typique est celui de l'air en haute altitude. Les gaz, comme l'oxygène, y sont beaucoup moins denses que sur la terre ferme. C'est la raison pour laquelle on a tant de mal à respirer en très haute montagne. Dans un tel contexte, la mécanique des fluides classique, celle de Newton, ne fonctionne plus. De même, les équations de Navier-Stokes, qui décrivent très bien le mouvement de l'air autour d'un avion qui vole à 10000 mètres d'altitude, ne sont d'aucune aide à des altitudes de 25 kilomètres ou plus, où l'air est si rare qu'il est pour ainsi dire quasi inexistant.

Boltzmann, à la suite de Maxwell, va révolutionner le sujet. Il ignore alors l'énorme enjeu que représentera sa réflexion un siècle plus tard : sans un modèle permettant de simuler avec précision le mouvement de l'air et des objets en atmosphère raréfiée, difficile de prévoir le comportement d'une fusée, d'une navette spatiale ou de la station orbitale internationale !

Le défi de Boltzmann était d'arriver à formuler, en une seule équation, une théorie décrivant la manière dont les molécules de gaz s'entrechoquent dans ce type d'environnement si particulier. Il y est parvenu, mettant au point une formule mathématique qui, contrairement à celle de Newton, implique un sens du temps et rend les phénomènes physiques décrits irréversibles. Cette particularité a fait l'effet d'un séisme dans la communauté scientifique, où la réversibilité des phénomènes était considérée comme un fait acquis. Botlzmann fut la cible toute trouvée de cette controverse. La violence des attaques qu'il a subies a certainement contribué aux problèmes psychologiques qui l'ont conduit au suicide.

L'équation qu'il a mise au point et qui porte son nom constitue déjà en soi un tour de force scientifique. Mais comme souvent lorsqu'il est question de mécanique des fluides, cette prouesse ne marquait que le début de l'histoire. L'équation de Boltzmann est un modèle général qui se décline de différentes façons en fonction des gaz et des environnements dont il décrit les interactions. Bref, une équation bien sûr non linéaire pour laquelle on ne comprenait pas vraiment les solutions. Une fois de plus, le *job* du mathématicien est ici de parvenir à mieux comprendre les solutions de cette équation, ce qui contribue à mieux maîtriser des applications concrètes – telle la navette spatiale.

On sait bien que les Américains et les Soviétiques avaient pris une avance considérable sur l'Europe jusqu'au programme Ariane qui a progressivement permis à cette dernière de disposer de l'un des meilleurs lanceurs mondiaux. En revanche, si les Américains et les Russes disposaient d'une navette spatiale, ce n'était pas le cas en Europe. Pour rattraper ce retard, la France a lancé en 1975 son programme de navette spatiale *Hermès*, bientôt soutenu par d'autres pays européens. Il s'agissait de construire une navette habitable adossée au lanceur Ariane. À terme, cette navette devait permettre de rallier une future station européenne baptisée *Columbus*.

Chez les scientifiques européens, la naissance du projet a ravivé l'intérêt autour de l'équation de Boltzmann. L'un des nombreux écueils scientifiques concernait le retour de la future navette sur Terre et la garantie de son intégrité notamment en raison de l'échauffement subi par la structure lors de la rentrée dans l'atmosphère. Comment prévoir cet échauffement, comment dimensionner les isolants thermiques (les fameuses tuiles) ? Même la NASA ne savait pas répondre avec précision à ces questions. Ces problèmes renvoyaient directement à Boltzmann et son équation. Outre les difficultés inhérentes à l'équation de Boltzmann et la compréhension limitée que nous avions de celle-ci, le problème de la rentrée atmosphérique soulève la question de la transition entre une atmosphère raréfiée et une atmosphère plus dense, entre l'équation de Boltzmann et les équations de Navier-Stokes – que Boltzmann avait d'ailleurs également entrepris d'étudier !

Comme pour les solutions de viscosité ou le principe de concentration-compacité, c'est une rencontre, sur laquelle s'est greffé un petit coup de pouce du destin, qui a allumé la mèche de ce nouveau champ d'investigation. À la fin des années 1980 et en parallèle de mes activités d'enseignant-chercheur, j'étais lié au CEA (organisme de tutelle de Daniel Gogny) et bien sûr à l'École normale supérieure. Il faut savoir qu'à l'époque les étudiants des filières scientifiques pouvaient effectuer leur service militaire dans un service scientifique du ministère de la Défense. Deux de ces jeunes, dont un de mes thésards, souhaitaient ainsi travailler à la direction des affaires militaires (DAM) du CEA. Après m'avoir consulté, son directeur leur a confié des travaux de recherche sur la neutronique, un domaine de la physique qui étudie les phénomènes microscopiques à l'œuvre par exemple dans un réacteur nucléaire. Bonne pioche : en quelques semaines, nos deux recrues ont mis en lumière une curiosité qui a tout de suite attiré mon attention. Je les ai aidées à formaliser le principe mathématique qui se cachait derrière leur découverte, puis nous avons publié le tout dans un article.

Six mois plus tard, cet épisode m'est revenu en tête à l'heure de rendre visite à Ronald « Ron » Di Perna. J'avais rencontré ce mathématicien américain, professeur à la prestigieuse université californienne de Berkeley, quelques années plus tôt lors d'un congrès de maths à Madison. Comme Mike Crandall et Srinivasa Varadhan, il était lui aussi plus âgé que moi et, même si nous n'avions jamais collaboré de manière concrète, Ron sentait que je pouvais peut-être apporter un éclairage intéressant à certaines questions qui le taraudaient. Il a obtenu pour moi une invitation d'un mois à Berkeley où j'étais logé dans la superbe maison d'hôte de l'université au cœur du fameux campus. Je n'ai jamais su résister à une invitation en Californie… Les températures douces, l'océan, la lumière, la végétation…, un Méditerranéen comme moi s'y sent rapidement comme à la maison.

J'ai aussitôt parlé de notre découverte récente en neutronique à Ron. Je sentais, suivant mon intuition en laquelle j'ai toujours cru, que le principe mathématique qu'elle renfermait pouvait nous aider à progresser sur l'équation de Boltzmann. Le mot « intuition » n'est pas trop fort : à l'époque, je connaissais très mal l'équation de Boltzmann, à tel point que j'avais même toutes les peines du monde à l'écrire correctement. Je comprenais son sens, mais ce n'était clairement pas un domaine des mathématiques dans lequel j'étais compétent. Mais voilà :

je *sentais* qu'il y avait là un fil à tirer. Par un heureux hasard, Ron s'était lui aussi intéressé à cette équation et, par un hasard encore plus providentiel, l'ébauche d'idée qu'il avait eue sur le sujet complétait parfaitement la mienne.

Nous avons passé quinze jours à plancher non-stop, remplissant des dizaines de tableaux noirs et de pages, pour aboutir à une démonstration qui nous est vite apparue claire et complète. Au crédit de cette découverte, en plus de mon intuition, du hasard, de la chance et d'un peu de travail – quand même –, il fallait donc aussi ajouter l'air du temps. L'intérêt renouvelé pour Boltzmann à la lumière du programme *Hermès* était en parfait accord avec ma façon de voir les mathématiques. Je n'ai jamais considéré les maths comme un *art* : ma motivation, au-delà du plaisir du jeu, a toujours été de faire avancer une question qui se trouvait dans une impasse, et dont la résolution promet des applications concrètes dans la vie réelle.

Au côté des solutions de viscosité, nos travaux sur l'équation de Boltzmann, publiés pour la première fois dans une revue en 1989, sont sans doute l'apport le plus visible aux mathématiques (en tout cas pour les mathématiciens *classiques*) de ma période pré-médaille Fields. L'article a fait beaucoup de bruit dès sa publication. L'équation de Boltzmann et les défis qu'elle contient étaient un vieux serpent de mer des mathématiques, à tel point qu'ils représentaient un champ de recherche en soi. Beaucoup d'équipes à travers le monde travaillaient – et travaillent encore – sur ce thème. Voir deux extraterrestres comme nous s'emparer de ce sujet déjà largement défriché mais toujours mal compris et obtenir en très peu de temps une avancée significative sur une énigme de cette ampleur a produit son petit effet chez nos pairs. Au-delà de l'équation de Boltzmann, nos idées s'appliquaient à d'autres questions classiques, ce qui a poussé la communauté à parler, pour l'une d'entre elles, de la théorie de Di Perna-Lions qui n'a en apparence rien à voir avec les équations de Boltzmann.

Ron et moi n'avons aucune responsabilité dans le choix de nommer cette théorie de nos deux noms. C'est la communauté qui, au fil des années, l'a ainsi baptisée, probablement par souci de simplicité. Si un tel honneur m'a laissé à l'époque de marbre, je suis aujourd'hui heureux que le nom de Ron ne soit pas oublié : il décédera brutalement d'un cancer, à l'âge de 41 ans seulement, à peine quelques mois après que nous avons mis un point final à nos travaux.

Solutions de viscosité, principe de concentration-compacité, Boltzmann. Ces trois réalisations issues de mes quinze premières années de carrière formeront le socle théorique de la médaille Fields qui me sera remise en 1994.

J'ai beaucoup péroré jusqu'ici sur l'utilité des mathématiques dans la vie quotidienne. Et de leur aspect bien plus prosaïque et concret que ce que le grand public imagine. J'ai esquissé quelques exemples de ces applications, mais il est temps d'entrer un peu plus dans le détail. Au fond, les solutions de viscosité, bien qu'accessibles à l'esprit profane une fois explicitées, ne renvoient en apparence à aucune expérience que tout un chacun peut faire dans la vie de tous les jours. Et pourtant.

Parmi les avancées technologiques concrètes que renfermaient les solutions de viscosité, l'une d'elles va m'occuper pendant plusieurs années : le traitement d'images numériques, dont bien sûr la majorité des photos aujourd'hui. Rien d'étonnant : dès lors qu'un ensemble d'informations est passé à la moulinette d'un algorithme numérique – c'est-à-dire une série de commandes informatiques –, les mathématiques se révèlent d'une grande utilité. Elles améliorent l'efficacité de l'algorithme et la compréhension pour être sûr qu'il fait bien ce que l'on veut qu'il fasse et uniquement cela ! Or une image numérique n'est qu'un ensemble de données, en l'occurrence un tableau de pixels, chaque pixel étant lui-même composé de nombres.

Prenons l'exemple d'une image en noir et blanc. Chaque pixel (c'est-à-dire un petit morceau carré de l'image) renferme un niveau de gris compris entre le noir le plus profond et le blanc le plus éclatant. Ce niveau de gris correspond à un nombre. Appliquons un traitement numérique à ce pixel, par exemple changer le contraste ou le nettoyer. Ce traitement va provoquer une réaction en chaîne qui peut altérer les niveaux de gris, la luminosité, la qualité générale du pixel, autant de propriétés sur lesquelles le traitement n'aurait pas dû agir et qui constituent des sortes de *dommages collatéraux*. Les mathématiques en général et les solutions de viscosité en particulier permettent d'éviter ce genre d'inconvénients pour un certain nombre de ces opérations sur les images : le traitement va faire son travail tout en préservant au maximum la qualité et les propriétés d'origine de l'image. Elles identifient l'*essence* du traitement et se concentrent sur celui-ci pour mieux écarter les effets secondaires car elles permettent de mieux maîtriser ce que l'on fait.

Forte de ces perspectives intéressantes, une petite équipe de recherche dédiée au traitement d'image a vu le jour à Dauphine sous la houlette de Jean-Michel Morel. J'y ai bien sûr activement participé. Les applications sur lesquelles nous avons travaillé comprenaient un cas concret qui parlera à tous les possesseurs d'appareil photo numérique : le débruitage. En imagerie, le bruit correspond aux effets de détérioration d'une image dont les origines peuvent être multiples (bruit électronique, ombres, surexposition, flou lié à un mouvement…). Il se manifeste le plus souvent par un effet de flou artificiel ou de pixellisation accrue, qui fait perdre les détails et la qualité de l'image. Ceux qui ont connu les appareils photo argentiques ont vu ce même phénomène se produire en augmentant la sensibilité de la pellicule : l'appareil capte davantage de lumière mais, là aussi, au détriment de la qualité du cliché, sur lequel apparaît une sorte de grain de plus en plus perceptible à mesure que la sensibilité à la lumière augmente.

La majorité des appareils photo modernes et des logiciels de retouche sont équipés d'une fonction de débruitage, mais les résultats produits étaient assez médiocres et altéraient d'autres propriétés de l'image, comme les couleurs. Les algorithmes développés par notre équipe nous ont permis d'obtenir des avancées notables en la matière, en restaurant les détails de l'image d'origine de manière efficace sans dégrader le reste de ses propriétés.

Nos travaux ont intéressé de nombreux entrepreneurs. Au-delà des applications industrielles, j'ai été souvent amené à jouer un rôle d'expert dans les projets industriels. L'un d'entre eux était mené par le groupe Lagardère, le géant des médias et du sport, et concernait l'incrustation automatique de publicités sur les panneaux entourant les terrains de football ou le long des routes lors des événements cyclistes, comme le Tour de France. Grâce à une technologie d'incrustation numérique, les panneaux publicitaires vantaient les mérites de marques différentes selon les pays où l'événement sportif était retransmis.

L'idée était excellente sur le papier et avait poussé le groupe à se lancer bille en tête sur ce créneau. Mais sa mise en œuvre à l'époque rencontrait des difficultés inattendues. À titre d'exemple, le passage des joueurs de foot ou des cyclistes devant les panneaux modifiés numériquement constituait un écueil que les équipes de développement n'arrivaient pas à surmonter. En me penchant sur le sujet, j'ai confirmé la difficulté scientifique et donc technique que représentait le contournement d'un tel obstacle et qu'il n'y avait pas à l'époque de solution technique. J'ai également regretté l'absence d'étude préalable de faisabilité. Mon analyse a fait l'effet d'une douche froide, les décideurs de Lagardère ayant déjà investi des sommes considérables dans ce projet.

Plus tard, j'ai effectué ce même travail de consultant en imagerie pour un autre fleuron de notre économie nationale : L'Oréal. Le groupe développait une idée innovante : le développement d'un système informatique permettant d'appliquer virtuellement un maquillage sur une photo et, donc, d'avoir une idée du résultat produit par tel rouge à lèvres ou tube de mascara sans l'essayer, ni même devoir se rendre en magasin. Les enjeux financiers étaient bien sûr considérables. Le géant des cosmétiques avait sous-traité ce projet à une petite société israélienne spécialisée dans ce type de procédé numérique et m'a sollicité pour « passer en revue » les travaux déjà effectués et les comparer à ceux d'autres équipes dans le monde prétendant pouvoir mettre au point un tel système, afin de confirmer que les chercheurs israéliens en question étaient aptes à mener à bien le projet et qu'une autre équipe ne serait pas meilleure. Mon avis, par sa neutralité et son aspect strictement scientifique, revêtait une certaine importance au vu des investissements consentis. À la fin de mon intervention, j'ai donné mon feu vert, constatant que tous les critères scientifiques et technologiques étaient réunis par le sous-traitant choisi et que les concurrents ne feraient pas mieux.

Le filon du traitement d'images m'apparaissait très fertile. Avec mes collègues du mini-labo de Dauphine créé pour l'occasion, nous avons rapidement envisagé de monter une start-up dédiée. Mais à l'époque, les conditions de création de ce type d'entreprise en France étaient moins souples qu'aujourd'hui et nous condamnaient à de nombreux tracas administratifs et comptables. Au même moment, aux États-Unis, où monter un business a toujours été une formalité, des amis mathématiciens américains créaient une start-up similaire à celle que nous avions en tête, dont le siège était situé à Santa Monica, dans la banlieue de Los Angeles.

Leur petite affaire, pleine de promesses en matière d'innovations technologiques, bénéficiait du soutien financier du DOD (ministère américain de la Défense), sous couvert de subventions déguisées en contrats, un tour de passe-passe coutumier dans le contexte technologique américain. Les collègues dirigeants de l'entreprise n'ont pas tardé à nous demander de l'aide (comme consultants) sur certains de leurs projets, me proposant de venir leur rendre régulièrement de courtes visites de travail.

L'une de ces visites eut lieu à la fin du mois d'avril 1992. Pendant les quelques jours de ma visite, la ville de Los Angeles traversa trois jours d'émeutes urbaines d'une violence exceptionnelle. Les quartiers sud, où vivaient une majorité d'Afro-Américains, s'étaient enflammés après l'épilogue de l'affaire Rodney King. Cet automobiliste noir avait été tabassé par des policiers après un contrôle routier. La scène avait été filmée par un passant. Les images, très choquantes, avaient fait le tour du monde et, à la surprise générale, le procès des quatre fonctionnaires poursuivis pour coups et blessures s'était soldé par un acquittement général. La décision judiciaire avait mis le feu aux poudres, sur fond de violences policières à répétition contre la communauté noire vécues comme un racisme d'État, provoquant des scènes de pillages et de saccages rares dans l'histoire des États-Unis.

C'est dans ce contexte de guérilla urbaine que je me trouvais à Los Angeles pour une visite chez mes collègues américains. Mon séjour a débuté par deux journées où je suis resté enfermé dans ma chambre d'hôtel par mesure de sécurité. Commerçants, automobilistes, simples passants… n'importe qui pouvait être violemment pris à partie du seul fait d'être blanc, asiatique ou même latino dans certains cas. Les commerces, victimes de pillages massifs et parfois incendiés une fois dépouillés, payaient le plus lourd tribut depuis le début de la crise.

Au troisième jour d'émeutes, la garde nationale (et ses tanks !) est venue prêter main-forte à la police, rétablissant un calme certain mais précaire. Mes collègues rassurés m'ont laissé passer dans les bureaux de la start-up pour quelques discussions et faire le point sur les projets en cours. Le soir, le patron de la start-up, Leonid dit « Lenny », un informaticien d'origine ukrainienne au physique d'enclume et au faciès de mercenaire russe, m'a invité à dîner dans un restaurant en compagnie de sa petite amie, malgré l'atmosphère encore électrique dans les rues de la ville.

L'entrepreneur est venu me chercher à mon hôtel dans sa Porsche toute neuve, un petit plaisir de grand garçon qui a réussi. Le moteur hypertrophié du bolide allemand hoquetait, souffrant de devoir rouler au ralenti dans les embouteillages monstres de la Cité des Anges. Nous nous sommes garés tout près du restaurant mexicain où une table réservée nous attendait. Lenny était un habitué de cette adresse gérée par les membres d'une même famille. En entrant dans la salle quasi déserte et remarquant que seules quelques serveuses étaient présentes, il s'est inquiété de savoir où était passé le reste du clan.

« Ils ne sont pas en salle mais à l'étage, postés aux fenêtres avec des fusils, a répondu la serveuse avec un petit sourire embarrassé. »

Face à l'ampleur des pillages et la passivité de la police qui craignait de jeter de l'huile sur le feu en ripostant, les commerçants de la ville s'étaient peu à peu armés s'ils ne l'étaient pas déjà, profitant de la législation américaine souple en la matière, afin d'assurer eux-mêmes la protection de leur business. J'étais serein, mais entendre que les gérants étaient à l'étage prêt à tirer sur d'éventuels intrus avait quand même de quoi étonner. Le temps de nous mettre à table, des tirs se sont fait entendre devant le restaurant, créant chez certains convives un moment de panique bref mais intense. Lenny était dans un état de stress total, non pas pour sa propre intégrité physique ou celle de son épouse : il craignait de retrouver sa Porsche saccagée. En ce qui me concerne, j'étais davantage surpris qu'effrayé. Mon tempérament flegmatique me rend naturellement assez apathique face au danger. Peut-être est-il une conséquence des *missions* nocturnes dans le jardin que m'imposait mon père quand j'étais encore un petit garçon, toujours est-il que je ne suis pas facilement sujet à la peur, même s'il y avait ici objectivement de quoi craindre pour sa vie ou au moins faire un peu attention : le bilan final des émeutes fut de cinquante-trois morts, dont trente-cinq à l'issue d'échanges de coups de feu.

Cette anecdote n'est que le début de l'histoire. Quelques semaines plus tard, Lenny m'informe que la start-up a été mandatée par le bureau du procureur de Los Angeles. Parmi les nombreuses enquêtes ouvertes à la suite des émeutes, l'une d'elles avait secoué l'opinion et faisait depuis lors l'objet de toutes les attentions. Les faits en question s'étaient déroulés le premier jour des échauffourées. Alors que des émeutiers rassemblés à un carrefour s'attaquaient aux automobilistes au hasard en leur jetant des pierres, un petit groupe s'était rué sur un camion arrêté à un feu rouge. Son chauffeur, un homme de 36 ans, avait été sorti *manu militari* de sa cabine puis roué de coups à même la chaussée, où ses agresseurs l'avaient laissé pour mort. La victime a finalement survécu, conservant néanmoins de lourdes séquelles neurologiques l'empêchant aujourd'hui encore de parler ou de marcher normalement. Filmée et retransmise en direct par un hélicoptère de la télévision américaine, la scène, d'une grande violence, est rapidement devenue le symbole de cette poussée de fièvre aveugle (même si compréhensible) que rien ne semblait alors pouvoir enrayer.

La mission confiée à mon camarade ukrainien et pour lequel la boîte était sollicitée visait à identifier les auteurs de cette agression. Les autorités judiciaires locales avaient déjà des suspects en ligne de mire mais manquaient cruellement de preuves pour procéder à leur inculpation. Elles espéraient que les images tournées par les chaînes de télévision américaines pourraient aider à traduire les coupables en justice. Or les prises de vue effectuées depuis l'hélicoptère de la télé locale obligeaient les enquêteurs à zoomer, dégradant les détails et la qualité déjà médiocre des images d'origine. Seul un traitement numérique pouvait espérer rétablir certains de ces détails, parmi lesquels se cachait peut-être une particularité permettant de confondre un ou plusieurs suspects.

L'équipe américano-française s'est mise au boulot. Il s'agissait concrètement de *nettoyer* les images bruitées mises à notre disposition afin d'éliminer les parasites et faire ainsi ressortir le moindre détail exploitable pour l'enquête. Nos efforts ont rapidement payé : nos algorithmes de traitement d'image ont fait apparaître le tatouage au bras caractéristique de l'un des principaux agresseurs du chauffeur, Damian Williams, 19 ans, déjà dans le viseur des enquêteurs pour de nombreuses violences et exactions. Il fut arrêté quelques jours plus tard sur la base de cette découverte, pour laquelle le bureau du procureur nous a par ailleurs chaudement félicités.

L'agresseur au tatouage a comparu au côté de trois autres suspects lors du procès suivi par des millions d'Américains qui s'est ouvert le 12 mai 1993. Lors des débats, Lenny fut appelé à la barre pour témoigner et défendre la qualité de notre travail, qui pesait lourd dans le dossier d'accusation visant Williams. Le tribunal a reconnu les quatre agresseurs coupables et les a condamnés à de lourdes peines, Damian Williams écopant de dix ans de prison sans possibilité de liberté conditionnelle, la plus sévère d'entre elles.

En appel, les avocats de Williams, qui niaient jusqu'à la présence de leur client sur les lieux de l'agression, ont vu dans notre technique de traitement innovante une fragilité du dossier dans laquelle s'engouffrer. Perplexes devant cet aspect technique inhabituel, les juges m'ont contacté directement pour faire une déposition et répondre à leurs interrogations qui se résumaient ainsi : comment pouvait-on être certain que ce n'était pas le traitement lui-même qui avait produit cette *forme* identifiée par notre technique comme un tatouage ? J'ai consenti à faire une déposition écrite, dans laquelle j'ai développé dans les grandes lignes la méthode utilisée. Ma conclusion était la suivante : si ce traitement d'image peut effacer certaines données, il ne peut en aucun cas en créer de nouvelles. Le jeu des procédures d'appel a fait atterrir le dossier en bout de course sur le bureau de la Cour suprême californienne. La juridiction la plus élevée du système judiciaire californien a définitivement validé notre contribution en jugeant que le traitement utilisé était recevable car reposant sur un raisonnement mathématique. Je n'aurais peut-être pas moi-même osé le dire. En tout cas je n'aurais pas dit mieux.

Voilà comment les mathématiques ont aidé à résoudre l'un des faits divers américains les plus retentissants des années 1990. Une histoire que je ne pouvais pas imaginer avoir à vivre quand je faisais ma thèse !

10
LES TROIS MARCHES

Quand on consacre sa vie professionnelle aux mathématiques, recevoir un prix aussi prestigieux que la médaille Fields est logiquement vécu et ressenti comme un formidable accomplissement. Ce ne fut pas mon cas. Une fois de plus, pas de fausse modestie ici, mais un sentiment sincère issu d'un simple constat : la médaille Fields ne peut pas être décernée à un lauréat âgé de plus de 40 ans. Ne me demandez pas pourquoi, je ne sais pas, mais c'est comme ça depuis que ce prix a été créé suivant la volonté de celui qui en est à l'origine, le mathématicien canadien John Fields.

Dès lors, la recevoir ne peut revêtir que deux significations. Soit l'on considère que la carrière d'un mathématicien prend fin à 40 ans et c'est effectivement un accomplissement… en même temps que le signal du départ à la retraite. Soit c'est un très beau prix d'encouragement qui incite le lauréat à poursuivre ses travaux. Étant donné que je n'avais pas l'intention d'abandonner mon métier à 38 ans pour aller à la pêche, j'ai considéré que le message équivalait à celui écrit sur la plupart de mes bulletins scolaires au collège : « Très bon travail, continuez ! »

La médaille Fields est considérée par la communauté scientifique et les médias comme l'équivalent du prix Nobel de mathématiques. Dans son testament qui donnait naissance aux fameux prix récompensant des découvertes susceptibles « d'apporter de grands bénéfices à l'humanité », le chimiste suédois Alfred Nobel avait fait une omission remarquée en excluant les mathématiques des disciplines à consacrer. Les raisons pouvant expliquer cette impasse volontaire ont fait l'objet de mille rumeurs, parmi lesquelles la découverte d'une relation adultérine qu'aurait entretenue son épouse avec un mathématicien suédois. C'est oublier qu'Alfred Nobel n'a jamais été marié. En fait, Nobel avait pour ennemi intime un grand mathématicien suédois et il craignait, probablement à juste titre, que celui-ci ne reçoive le prix si un Nobel était créé pour sa discipline. Quoi qu'il en soit, c'est dans le but de corriger cette injustice que John Charles Fields décida, en 1923, de la création de la médaille qui porte son nom. Elle fut décernée pour la première fois en 1936.

Si la comparaison avec le prix Nobel paraît justifiée sur le plan du prestige, l'attribution de la médaille Fields ne répond pas tout à fait aux mêmes critères que les récompenses remises par l'Académie des sciences de Suède. Première différence – et de taille –, la médaille n'est décernée que tous les quatre ans. Ensuite, comme évoqué plus haut, elle n'est remise qu'à des lauréats âgés de moins de 40 ans. Ces deux critères réunis permettent de tirer une première conclusion que tous les aspirants médaillés gardent dans un coin de leur tête : le train de la médaille Fields ne passe pas dix fois. Elle est remise lors du Congrès international de mathématiques qui se tient tous les quatre ans dans une ville différente. Le lauréat est désigné par un comité composé de pairs renommés de différentes nationalités aidé par de nombreux experts du monde entier. L'heureux élu reçoit un chèque de 15 000 dollars canadiens – un peu plus de 10 000 euros – contre près de 750 000 euros pour un lauréat du prix Nobel.

Le premier indice que vous avez une chance de figurer parmi les heureux élus est la liste des prix qui vous ont déjà été remis. J'en avais déjà quelques-uns à mon palmarès, dont certains assez prestigieux, tel le prix Ampère décerné par l'Académie des sciences française à un chercheur en physique ou mathématiques. Ma réputation grandissante se traduisait aussi par un nombre croissant d'invitations à venir parler dans des colloques ou à aller faire des exposés, voire des séries d'exposés dans des universités de renom.

Les offres de recrutement sont un autre baromètre pertinent du sens du vent. Quelques années avant de recevoir la médaille, j'avais été approché par l'Institute for Advanced Study, sans doute l'institut de sciences le plus réputé du monde ou en tout cas des États-Unis, situé à côté de Princeton dans le New Jersey. L'institut compte parmi ses anciennes recrues quelques esprits parmi les plus brillants du XXe siècle, dont von Neumann et un certain Albert Einstein. L'offre était même assortie du commentaire suivant : « Tu n'aurais même pas besoin d'être toute l'année à Princeton, au plus cinq à six mois. » Malgré le prestige du poste et le salaire alléchant, j'ai refusé. J'aime la France et vivre entre deux pays ne m'aurait pas permis d'élever correctement et de voir grandir mon fils. Et puis la vie à Princeton, franchement… M'enfermer dans une enclave pour milliardaires ne faisait pas partie de mes plans.

L'autre indice significatif qu'un candidat est dans les petits papiers du jury de la médaille se niche dans la liste des intervenants invités à s'exprimer au Congrès international de mathématiques. Seules les personnalités en vue de notre discipline peuvent prétendre à être conviées à cet exercice, quand bien même ce seul carton d'invitation ne constitue pas la promesse de quoi que ce soit. J'ai été convié pour la première fois à un tel exposé en 1982 lors du congrès de Varsovie (en fait, le congrès aura lieu en 1983). Puis rebelote lors du congrès de Kyoto en 1990, où l'on m'a de nouveau proposé de venir parler de mes théorèmes devant mes pairs. J'étais alors âgé de 34 ans. Le congrès suivant était donc ma dernière chance de remporter le fameux prix même si je n'y pensais pratiquement jamais.

À la fin de mon exposé à Kyoto, Peter Lax est venu me trouver, tout sourire. Ce mathématicien hongrois naturalisé américain était une star de notre discipline, un spécialiste des équations aux dérivées partielles admiré de tous – moi le premier pour qui Peter a toujours été un modèle. Peter Lax avait notamment travaillé sur le projet Manhattan – le développement de la bombe nucléaire américaine – alors qu'il avait à peine 18 ans. Il était aussi un protégé de son compatriote John von Neumann, l'un des plus grands mathématiciens du XXe siècle, si ce n'est le plus grand. Cette année-là, Peter Lax était membre du jury de la médaille. Il s'est adressé à moi sur le ton de la confidence.

– Tu fais de l'excellent travail. Sache que ton nom faisait partie du dernier carré des prétendants à la médaille. Tu étais mon candidat. J'ai beaucoup poussé pour qu'elle te soit attribuée, mais je n'ai pas été suivi. À mon avis, tu as de très fortes chances d'être récompensé dans quatre ans.

Je mentirais si je disais que cette confession m'a laissé de marbre. Peter Lax n'était pas simplement l'un des mathématiciens les plus respectés de sa génération : il était aussi membre du jury de ma thèse d'État. Et ce lien qui nous unissait depuis dépassait de loin le cadre habituel des mondanités scientifiques et autres flagorneries de bonne confraternité. S'il avait pris soin de me faire une telle confidence, c'est qu'elle était parfaitement sincère et authentique.

Cette révélation ne m'a pas réjoui. Loin de là. Je me suis retrouvé dans la peau d'un lauréat potentiel à quatre années de l'échéance qui verrait son sacre, ou enterrerait pour de bon toute chance de se voir récompensé. Je l'ai déjà dit : la course aux honneurs n'a jamais été une source de motivation dans l'exercice de mon métier, encore moins dans le choix de mes sujets de recherche. Mais une fois l'éventualité de vous voir décerner la médaille Fields ancrée dans la tête, elle ne vous laisse pas indifférent. Or je connaissais des mathématiciens qui, pressentis pour être récompensés, avaient vu leurs espoirs déçus et en avaient souffert.

Pour éviter que mon quotidien soit pollué par ce compte à rebours, j'ai pris une décision radicale : ne jamais y penser. Ou plutôt, me forcer à ne pas y penser. Même en me rasant le matin. Ça n'a l'air de rien et, pourtant, c'est un effort de l'esprit qui réclame une bonne dose de volonté et de détermination. Et ça a marché. Il m'arrive aujourd'hui encore de ne pas arriver à dormir parce que je rumine différentes contrariétés de la journée passée. Ma méthode consiste alors à convoquer des images positives ou réconfortantes, à vider mon esprit de tout ce qui pourrait l'obstruer.

Le plus souvent, cette gymnastique mentale fonctionne à merveille et je m'endors sans même m'en apercevoir dans les cinq minutes qui suivent. Tout le monde n'a probablement pas la chance de pouvoir agir ainsi sur son esprit, mais ma grande capacité de concentration, ce même état proche de la méditation qui me permet d'être totalement immergé dans mes calculs à l'heure de résoudre une équation, est ici d'une aide très précieuse.

J'ai appliqué cette même recette pour évacuer cette fichue médaille Fields de mes pensées. La première étape consistait à considérer que cet honneur n'avait aucune espèce d'importance, aucune valeur réelle si ce n'est faire reluire l'ego de celui qui la reçoit. Il est alors plus facile de ne pas être obnubilé par quelque chose qui n'a pas d'importance. Au fond de moi, je sentais qu'en y pensant, même de manière épisodique, je risquais de mettre en péril de précieuses heures de sommeil et la sérénité nécessaire à la bonne conduite de mes projets. Sans doute aussi que cette réaction de rejet cachait un brin de superstition que je n'osais m'avouer : ne pas y songer était peut-être la meilleure façon de me voir récompensé…

L'attente ne devait pas durer quatre ans, mais trois ans et demi : les futurs lauréats sont prévenus par le jury environ six mois avant la remise du prix. Entre temps, je n'avais pas chômé. Après Kyoto, j'avais continué à creuser mes sillons, sans véritablement ouvrir de nouveaux champs théoriques, mais en ayant le sentiment d'avoir étoffé mon dossier. Quand je regarde en arrière, je me rends compte que j'ai le plus souvent reproduit le même schéma à l'heure d'explorer un sujet de recherche : j'ouvre une porte, après quoi, je m'occupe des finitions et de la décoration intérieure. Le gros du travail, ce sont ces dernières, contrairement à ce que l'on pourrait penser. Faire sauter le premier verrou est une affaire d'intuition, d'originalité dans l'approche, d'expérience et bien sûr de chance. Peter Lax avait un jour écrit à mon propos : « Avec un peu de chance, il fera de grandes choses. » Ce n'était pas une formule toute faite. La chance, ça compte.

Ces trois années et demie ont donc été consacrées à peaufiner la décoration des pièces déjà ouvertes plutôt qu'à ouvrir de nouvelles portes. Un travail de fond sans doute moins spectaculaire mais peut-être encore plus exigeant. J'ai rédigé une quantité considérable d'articles de recherche dont je n'ai pas à rougir et qui ont notamment contribué à l'essor de plusieurs communautés internationales sur *mes thèmes*. Bref, énormément de travail avec quelques jolis buts comme diraient les commentateurs sportifs. Rétrospectivement, je considère que si je méritais la médaille Fields, c'était en récompense de l'ensemble de mon parcours professionnel depuis la thèse d'État et non pour l'originalité de mes productions dans la dernière ligne droite.

Et puis un soir de février 1994, le coup de fil que je refusais d'attendre est arrivé. J'étais chez moi, à Paris. J'ai décroché mon téléphone fixe situé dans un couloir qui traversait mon appartement. Il était assez tard, autour de 22 heures. Je venais de finir de dîner. À cette heure-ci, on s'attend logiquement à recevoir un appel d'un membre de sa famille ou d'un ami. Raté : c'était Jacob Palis. Je connaissais bien ce mathématicien brésilien, francophone et francophile, pour m'être rendu quelques fois à son invitation dans son institut de Rio, l'un des plus réputés du Nouveau Monde, voire du monde tout court. Je ne sais pas quel âge il avait à l'époque, mais je l'ai toujours connu avec des cheveux blancs. En plus d'être une sommité, c'est un homme très affable et chaleureux.

Passées les politesses d'usage, la conversation fut brève et directe, sur un ton amical.

– Pierre-Louis, je suis heureux de t'annoncer que la médaille Fields est pour toi !

– Vraiment ? Génial ! C'est une excellente nouvelle.

– C'est mérité. Je suis ravi pour toi. N'oublie pas que tu devras faire un exposé durant le congrès, en marge de la remise du prix.

– C'est noté. Merci beaucoup.

On ne peut pas dire que j'ai laissé échapper une tornade de joie. Et pourtant, j'ai le sentiment d'avoir malgré tout forcé le trait. En vérité, aucune vague d'émotions ne m'a submergé, pas même un frisson d'excitation. J'étais comme anesthésié : passer quatre années à chasser de mon esprit ce fichu prix avait fini par convaincre mon inconscient que l'événement n'avait réellement rien d'exceptionnel. Je m'étais construit une bulle, étanche à toute évocation de la médaille et du prestige qui lui était associé. Ce travail de conditionnement avait si bien fonctionné que s'en débarrasser ne se ferait manifestement pas d'un claquement de doigts.

Une manière de prendre enfin conscience de l'ampleur de la récompense était d'annoncer la nouvelle à la mère de mon fils. Elle m'a répondu quelque chose comme « C'est super, bravo ! », avant de reprendre ses activités sans s'épancher davantage. En apparence, elle n'avait l'air guère plus émue que je ne l'étais. Ce n'est qu'en appelant mes parents, quelques instants plus tard, que des joies aussi spontanées que sonores se sont fait entendre. Mon père fut le premier à décrocher.

– Tu sais papa, je viens de recevoir un appel de Jacob Palis et…

– Formidable ! Génial ! Fantastique !

Il a tout de suite compris. La chaleur de sa voix m'a réchauffé le cœur et brisé mon armure. Je n'exultais pas pour autant, mais un sentiment de bonheur pur et profond a commencé à m'envahir. J'étais heureux. Très heureux. Comme moi, mon père était un homme pudique. Il n'était pas du genre à se lancer dans de grandes déclarations d'amour filial. Je n'en ai jamais tiré la moindre amertume, car je savais très bien qu'il m'aimait. À quoi bon me le répéter tous les matins ! Ce soir-là, je savais d'avance qu'il ne se risquerait pas à me gratifier d'un « Je suis fier de toi mon fils », mais j'ai compris que la puissance et la sincérité de ses éclats de joie ne disaient pas autre chose.

Une fois éclos, ce sentiment de bonheur intense ne m'a pas quitté pendant une semaine. Un bonheur réel mais contenu : je n'avais pas le droit de partager la nouvelle au-delà du cercle familial afin de préserver le suspense de l'annonce officielle. Pendant les semaines qui ont suivi, l'excitation est retombée, assez rapidement. J'ai passé le mois de juillet chez mon ami et collaborateur Mike Crandall, à Santa Barbara. Ce n'est qu'à la fin du séjour que j'ai fini par craquer et lui annoncer la bonne nouvelle. Il a exulté. Ce fut la seule exception à cette règle de discrétion. Après quoi, il m'arrivait encore de temps à autre de convoquer la nouvelle dans mon esprit pour le simple plaisir de la déguster, comme on s'offre un carré de chocolat entre deux repas. Mais là aussi, ce petit rituel égotique n'a pas duré. Six mois après l'annonce, alors que le congrès et la cérémonie de remise de prix étaient imminents et sans renier l'honneur que représentait une telle récompense, elle n'occupait plus qu'une place mineure dans mon esprit.

La veille de l'ouverture du congrès de Zurich, qui se tenait du 3 au 11 août 1994, ma femme et notre fils sont partis en Corse avec mon approbation. Inutile de saper des vacances de rêve sur l'Île de Beauté pour *ça*. Une fois les mondanités passées je n'avais d'ailleurs aucune intention de m'éterniser et prévoyais de les rejoindre au plus tôt. Le grand raout mondial des matheux devait réunir quelque deux mille participants et, dès mon arrivée sur place, j'ai estimé à l'œil nu que le compte était bon. Le palais des congrès de la ville suisse était plein à craquer. Traditionnellement, la remise du prix ouvrait le rassemblement, comme pour évacuer d'entrée les futilités et pouvoir se régaler au plus vite d'exposés théoriques passablement indigestes. Ne voyez dans cette remarque aucun mauvais esprit de ma part : pour des raisons historiques, le Congrès international de mathématiques, dont la première édition remonte à 1893, a toujours fait davantage la part belle à la recherche fondamentale théorique plutôt qu'aux maths appliquées. Et, de fait, j'ai été le premier médaillé ayant de véritables activités en mathématiques appliquées.

Lors des discours liminaires de la cérémonie d'ouverture, j'étais assis dans la salle, près de la scène, attendant qu'on appelle mon nom. Sur l'estrade, le beau linge s'est succédé : un représentant du gouvernement suisse, puis le président de l'Union mathématique internationale. Il s'appelait Jacques-Louis Lions. À ce stade de mon histoire, on n'est plus à une coïncidence près. Mon père a fait son petit discours formel sur les activités passées et futures de l'Union. Ses responsabilités officielles lui interdisaient de faire le moindre clin d'œil à ma consécration imminente. De toute façon, même s'il s'était permis une allusion, je ne l'aurais probablement pas relevée.

Je n'étais pas très à l'aise et, comme souvent en pareil cas, je me suis enfermé dans ma bulle. Je craignais par-dessus tout de faire une gaffe et cette éventualité me rendait nerveux. Ma hantise était de rater la montée des trois marches qui me séparaient de l'estrade et de m'étaler devant deux mille collègues hilares. Je ne pouvais même pas m'amuser à écrire un petit laïus marrant pour faire le clown : le protocole ne prévoyait pas que les lauréats fassent un discours. J'étais à la merci des événements et je n'aime pas qu'une situation échappe à mon contrôle.

Puis ce fut au tour de Jacob Palis, en sa qualité de président du comité de la médaille, de prendre place sur l'estrade. Il tenait en main la liste des heureux élus. À chaque congrès, plusieurs médailles peuvent être décernées en même temps, avec un maximum de quatre lauréats par édition. Je gardais une oreille attentive pour ne pas rater mon nom, mais mon esprit tout entier était tourné vers les trois marches d'escalier qui me séparaient de la scène.

Le premier nom qui résonna dans le palais bondé ne fut pas le mien, mais celui de Jean Bourgain, un mathématicien belge que je connaissais bien. Si je me qualifie volontiers d'ouvreur de portes, Jean pouvait s'arroger le titre de perceur de coffres-forts. C'était un *problem solver* de génie. La plupart des mathématiciens passent leur vie à chercher la bonne combinaison des cadenas, mais Jean n'avait pas de temps à perdre : il préférait directement faire sauter la serrure. J'étais très heureux qu'il reçoive ce prix, amplement mérité. Autre médaillé : Efim Zelmanov, un spécialiste de la théorie des groupes, une branche de l'algèbre à laquelle je n'ai jamais rien compris. La rumeur publique présentait ce Soviétique émigré aux États-Unis comme un surdoué doté d'une intelligence rare. J'étais tout à fait disposé à le croire.

Le troisième nom qui fut appelé est celui qui m'a le plus enthousiasmé. Pas le mien, mais celui de Jean-Christophe Yoccoz. Mon pote de Louis-le-Grand, mon camarade de Normale Sup, mon coéquipier de rugby, mon partenaire de flipper et d'école buissonnière… Mon ami en somme. Après la Rue d'Ulm, nos chemins s'étaient séparés. Jean-Christophe avait poursuivi sa carrière comme chargé de recherche au CNRS rattaché à l'École polytechnique, avant de devenir enseignant-chercheur à l'université Paris-Sud d'Orsay à partir de 1988. Depuis lors, et même si nos occupations respectives et nos domaines de recherches différents nous avaient un peu éloignés l'un de l'autre, chaque rencontre était la preuve que les liens d'amitié puissants qui nous unissaient restaient intacts. Après la médaille, il intégrera le Collège de France dès 1996, six ans avant moi. À mon arrivée dans l'institution, nous deviendrons voisins de bureau, trente ans après avoir partagé nos premières blagues et usé nos culottes courtes, enfin plutôt des jeans, sur les bancs du même lycée. Jean-Christophe est brutalement décédé en septembre 2016, à l'âge de 59 ans seulement. Je pense souvent à lui.

La tradition voulant que les lauréats soient désignés par ordre alphabétique, je fus donc le deuxième appelé, juste après Jean Bourgain. Je me suis levé, ne quittant pas des yeux les trois marches qui étaient désormais hautes comme l'Everest. J'ai posé chacun de mes pas avec une précaution et une économie de mouvements rares, comme si quelqu'un avait beurré l'escalier en douce. Deux secondes et demie plus tard, j'étais sur l'estrade, soulagé d'avoir brillamment surmonté cette périlleuse épreuve. Mon père n'avait pas quitté la scène. Il était debout, tout sourire, derrière Jacob au moment où celui-ci me tendait la médaille. Je l'ai brièvement aperçu, mais nos regards ne se sont pas croisés, car la course d'obstacles n'était pas terminée. J'étais cette fois concentré sur les cinq pas qui me séparaient de la récompense et, donc, de la délivrance. Une glissade de dernière minute est vite arrivée. J'ai passé cette nouvelle épreuve à haut risque sans encombre et je me suis enfin emparé de la médaille en serrant la main de Jacob, et en m'autorisant à ressusciter, une deuxième et dernière fois, la joie et la fierté d'être ainsi célébré.

11 LA GROUPIE DU MATHEUX

La médaille Fields change-t-elle une vie ? Le recul dont je dispose aujourd'hui me permet de résumer ma réponse ainsi : un peu. Au début surtout, beaucoup moins à long terme. Passé le plaisir égoïste mais sincère de voir mon travail reconnu au plus haut niveau de ma discipline, les conséquences de la médaille m'ont paru pour l'essentiel contraignantes, parfois amusantes, souvent ridicules. Fort heureusement, et c'est là le plus important, elles n'ont pas duré.

Juste après la remise des médailles, nous avons tous les quatre été réunis pour une séance photo officielle. Le lecteur attentif peut deviner que ce genre d'exercice n'est pas vraiment ma tasse de thé. La ministre suisse qui avait ouvert le Congrès s'est invitée au milieu de notre petit groupe de lauréats, sans que l'on comprenne bien pourquoi. Elle avait l'air ravie de toute cette attention dont elle n'était pourtant pas l'objet.

J'ai fait contre mauvaise fortune bon cœur, mais la séance s'est éternisée, marquée par des problèmes d'organisation, certains photographes se sentant lésés et demandant que nous restions encore un peu à leur disposition. Je suis lentement passé de la résignation à l'agacement, d'autant que la ministre paraissait ravie de jouer les prolongations. « On peut vous laisser seule ici si vous voulez », ai-je fini par fulminer, autant pour briser la solennité du moment que pour laisser éclater mon mécontentement. Mes colauréats ont réagi à cette sortie par une moue mi-embarrassée, mi-amusée. « Hum, désolé », ai-je bredouillé pour clore l'incident.

La conférence de presse qui a suivi n'a pas été beaucoup plus chaleureuse. Mes camarades médaillés n'avaient pas l'air plus enthousiastes que moi, mais je pense quand même avoir été le moins coopératif, même si j'avais conscience que c'était un passage obligé. En clair, j'ai fait le service minimum. Les journalistes présents venaient du monde entier, mais cette diversité n'a pas eu d'effet sur les questions posées, qui ressemblaient presque toutes à celle-ci : « Vous bossez sur quoi au juste ? » Allez donc expliquer vos sujets de recherche à la presse en trente secondes, alors que des mathématiciens chevronnés ont déjà toutes les peines du monde à les comprendre à l'issue d'un exposé d'une heure ou plus… !

Au bout de la dixième question de ce genre et constatant la difficulté de l'exercice qui nous était demandé, l'un des membres du comité Fields est venu à notre secours, invitant les journalistes à se rapporter au communiqué de presse qui détaillait nos carrières respectives. Après quoi, les mêmes questions sont revenues, mais cette fois, la parade était trouvée : chacun s'est contenté de lire le passage du communiqué qui lui était consacré.

L'absence de téléphone portable à cette époque m'a maintenu à l'écart des réactions immédiates déclenchées en France par ce doublé historique de médaillés. Le comité avait tout de même prévu des casiers à nos noms réceptionnant les télégrammes officiels qui nous étaient adressés. Dès le soir de la remise des médailles, Jean-Christophe et moi avons reçu des dizaines de messages de félicitations, pour l'essentiel venus de responsables politiques, comme le ministre de l'Éducation nationale, François Bayrou, ou le leader de l'opposition, Jacques Chirac. En revanche, rien de la part du président de la République, François Mitterrand. Surprenant. J'imaginais que le sacre de deux Français la même année représentait un événement objectivement significatif pour le rayonnement scientifique du pays. J'ai fait part de mon étonnement poli mais réel à un membre du comité français. Deux heures plus tard, je recevais un message de l'Élysée : « Nous vous avons envoyé un télégramme de félicitations dès les résultats connus. Si vous ne l'avez pas reçu, nous vous le renvoyons. » Je n'ai pas cru à cette pirouette. Mitterrand était un homme de lettres comme beaucoup de politiques français. Il se fichait de la science comme des scientifiques et, par extension, se fichait probablement de nous voir ainsi récompensés.

Parmi les messages reçus figuraient aussi de nombreuses demandes d'interviews. Des entretiens se sont déroulés à Zurich dès le lendemain… en mon absence : j'avais pris l'avion dans la matinée pour rejoindre femme et enfant à Ajaccio. J'avais eu ma dose de photos, de serrages de main et autres obligations protocolaires. Et si je n'avais pas fait preuve d'un enthousiasme débridé, j'avais quand même le sentiment d'avoir accompli ce que les règles élémentaires de la reconnaissance et de la bienséance me dictaient.

Jean-Christophe a répondu seul aux équipes de TF1 et aux autres médias français ou francophones qui avaient entrepris de faire le voyage jusqu'en Suisse. Mon éloignement géographique a découragé la plupart d'entre eux, à l'exception du *Figaro*, décidément très motivé, qui a carrément dépêché une équipe de reporters en Corse. La photo accompagnant l'article me montrait sur la plage, en maillot de bain, poussant mon jeune fils agrippé à sa planche sur les vaguelettes de la Méditerranée. Inutile de souligner que le cliché a fait le bonheur de mes étudiants de Dauphine à mon retour aux affaires.

Après trois jours de vacances en famille sous un soleil de plomb, c'est l'esprit léger et le visage cramé que je suis retourné à Zurich pour mon exposé de médaillé. Prendre la parole en public n'était plus une source de stress depuis longtemps et, pourtant, un sentiment de panique m'a gagné au moment d'entrer sur scène. J'avais l'impression que chacun de mes mots serait scruté et analysé, comme pour vérifier que j'étais à la hauteur de la récompense qui venait de m'être décernée. Circonstance aggravante, mes parents étaient assis au premier rang. Je me suis fait violence et, une fois sous les projecteurs, le trac a vite disparu. J'avais exclu tout espace d'improvisation et traits d'humour (enfin, pas tout à fait), préparant et répétant ma prestation jusque dans les moindres détails. J'ai même projeté sur scène des transparents écrits à la main, soucieux d'être le plus clair et didactique possible, quitte à dépasser le temps qui m'était imparti. Je crois que le résultat était assez bon. Après tout, peu importe : constater la joie et la fierté de mes parents, qui ont affiché un sourire béat tout au long de mon lénifiant monologue, suffisait à mon bonheur.

Mon retour à Zurich s'est accompagné d'une nouvelle salve de demandes d'interviews dans mon casier. Parmi celles-ci se trouvaient des revues pour enfants, comme *Sciences et Vie Junior*, et même des magazines de collège ou de lycée. Je les ai toutes acceptées : échanger avec la jeunesse a toujours été un plaisir auquel je ne résiste pas. J'ai aussi consenti à une ou deux interviews dans des médias généralistes, comme RTL. Cette dernière s'est bien passée, m'encourageant à me montrer moins distant avec la presse.

C'est ainsi que quelques semaines plus tard, Jean-Christophe et moi avons débarqué dans les studios de France Inter. Le présentateur, qui devait s'estimer très spirituel et branché, s'est montré d'une impolitesse et d'un mépris exécrables. « Vous pouvez nous dire ce que vous faites, mais d'une manière un peu marrante ? », a-t-il embrayé. Ma première réaction a été de vouloir quitter le studio sans plus d'explication. Avec le recul, c'est ce que j'aurais dû faire. À la place, Jean-Christophe et moi avons improvisé deux ou trois bêtises pour faire le *job*, sans nous départir d'un malaise profond. La suite n'a pas arrangé la situation. « Au fait, c'est quoi la médaille Fields au juste ? », avant de conclure par un définitif : « Vous n'êtes quand même pas très rigolos. » Consternant de bêtise et de suffisance. En sortant du studio, j'ai prévenu Jean-Christophe que la blague avait assez duré et que je ne donnerai plus d'interviews en lien avec la médaille. Je m'y suis tenu. Mon camarade a joué le jeu encore quelques semaines avant de jeter l'éponge à son tour.

Au sein de la communauté scientifique, la médaille a produit son effet. Dès le congrès de Zurich, je me suis retrouvé à devoir gérer des demandes d'autographes, la plupart provenant d'étudiants. J'hallucinais. J'estimais ce genre de requêtes totalement ridicule et, pour tout dire, complètement disproportionné. Lors des premières sollicitations, j'ai ouvert de grands yeux ronds qui trahissaient mon étonnement : « Qui ? Moi ? Vous êtes sûr ? » De guerre lasse, j'ai fini par me plier à l'exercice.

Je suis quelqu'un de pudique, comme l'était mon père. Le regard des autres me pèse, quel que soit le message – admiratif ou hostile – qu'il porte. Qu'on dise du mal de moi et je sors de mes gonds. Qu'on me célèbre et j'ai envie de prendre mes jambes à mon cou. De ce trait de caractère naît probablement cette réaction d'agacement, qui n'est sans doute qu'une manière maladroite de manifester mon embarras à l'heure de recevoir des honneurs. Je suis comme ça. C'est plus fort que moi.

Le catalogue des effets de la médaille Fields sur mon quotidien comporte des anecdotes plus amusantes, mais tout aussi gênantes. En marge du congrès, deux jeunes étudiantes ont agrémenté leur demande de paraphe d'allusions plus ou moins grivoises. La première voulait que j'appose ma signature sur son T-shirt. « Je veux bien, mais ça s'en ira au premier lavage », ai-je relevé. « Mais je n'ai aucune intention de le laver », m'a répondu la jeune fille avec aplomb.

La seconde, une Helvète, m'a tendu un stylo mais n'avait ni cahier ni carnet.

– Je signe où ? ai-je demandé.

– Sur mon oreiller !

– Mais… vous êtes sûre ?

– Oui. Comme ça je dormirais en pensant à vous.

– Votre petit copain ne protestera pas ?

– Oh non, non.

Quelques mois plus tard, j'étais invité comme intervenant dans le sud de l'Italie à l'occasion d'un congrès de mathématiques. En Italie, contrairement à la France et au reste du monde, les mathématiques et les sciences en général attirent beaucoup les filles. À l'issue de mon exposé, et alors qu'elle m'avait déjà abordé plus tôt dans la journée, une jolie étudiante s'est approchée de moi, l'air mutin et battant des cils à tout crin :

– Je dois vous avouer que je suis une grande fan.

– Merci, mademoiselle.

Puis, baissant la voix :

– Vous savez, vous pouvez me demander n'importe quoi. Je ferai tout ce que vous voulez.

Je crois n'avoir jamais été aussi gêné de toute ma vie. Beaucoup d'hommes s'imaginent qu'en pareil cas, résister à la tentation est une preuve de bêtise, ou de couardise, ou les deux. En vérité, confrontés à ce genre de situation, ils seraient les premiers à déguerpir. À raison : à mon sens, seuls les imbéciles ou les porcs peuvent avoir la faiblesse morale de céder à ce type de proposition. J'ai remercié mon admiratrice de sa sollicitude et lui ai souhaité une agréable fin de journée.

Le regard de mes pairs a lui aussi changé, de manière plus subtile, quoique tout aussi embarrassante. Beaucoup de mes collègues mathématiciens, y compris certains que je fréquentais au quotidien, se sont montrés du jour au lendemain plus déférents, voire pour une minorité d'entre eux, carrément obséquieux. Je ne comprenais pas ce genre de réactions. Comme si cette rondelle de métal qu'on m'avait suspendu autour du cou faisait de moi une personne différente de celle que j'étais la veille. Ce type d'attitude n'a pas duré, en tout cas chez ceux qui me connaissaient. Le respect est resté, mais la déférence a fini par disparaître fort heureusement.

Si j'ai pu toucher du doigt une forme de célébrité, celle-ci ne dépassait pas le petit cercle de la communauté des mathématiciens. Pas de quoi prendre la grosse tête. Lors d'un voyage aux États-Unis, juste après le congrès de Zurich, ma médaille enfouie au fond de ma valise a fait sonner le détecteur de métaux du portique de sécurité. Une fois ma valise ouverte et l'objet exhumé, j'ai dû expliquer aux agents qu'il s'agissait d'une récompense décernée à des mathématiciens. Ils n'en croyaient pas un mot : une médaille pour des maths ? La bonne blague. Il m'a fallu parlementer, me justifier. Ils ont fini par me laisser passer, sans doute davantage lassés que convaincus par mon histoire de prix pour matheux.

Ce genre d'épisode incite à l'humilité. Je n'ai jamais été Neymar ou Mick Jagger. Acheter mon pain n'a jamais suscité d'émeute chez ma boulangère. C'est heureux. Je ne suis pas une rockstar. Je ne suis même pas le *meilleur* mathématicien du monde. Je ne suis pas davantage le moins bon.

Peut-être connaissez-vous la devise célèbre attribuée à la famille Rohan, l'une des grandes maisons de France qui connut son apogée au XVIIe siècle : *Roi ne puis, prince ne daigne, Rohan je suis*. J'ai toujours aimé cette devise, qu'il m'arrive de citer légèrement remaniée : *Maître ne puis, prof ne daigne, car Pierre-Louis je suis*. N'y voyez aucun mépris pour la fonction d'enseignant que j'exerce, mais la critique de l'utilisation péjorative du vocable « prof » (et de ce qu'elle sous-entend) par certains esprits chagrins tout aussi prompts à réclamer plus de services publics qu'à critiquer les fonctionnaires. Cette boutade me semble assez bien illustrer ma volonté farouche d'indépendance et mon refus d'être catalogué ! J'aime aussi l'idée de juste mesure qu'elle véhicule, selon laquelle il existe un équilibre naturel et sain entre la vanité et la mésestime de soi. Je crois qu'aucune phrase ne saurait mieux me définir.

Dix ans après le congrès de Zurich, j'ai été témoin d'une scène qui a confirmé que le soufflé était retombé et qu'on me regardait désormais à la bonne distance. J'étais invité à faire une conférence publique à Bilbao, au Pays basque espagnol. Le collègue mathématicien chargé d'introduire mon exposé a détaillé quelques-uns de mes faits d'armes passés, parmi lesquels la médaille Fields. À la fin de cette litanie un peu pompeuse, il a conclu sa présentation ainsi : « Dans les centres et instituts mathématiques du monde entier, on le connaît sous le nom de Pierre-Louis. » J'ai beaucoup aimé cette formule qui résume très bien mon état d'esprit.

Bien sûr, je ne suis jamais sorti de chez moi avec ma médaille autour du cou. À l'époque, je préférais de loin arborer une broche à l'effigie de Corto Maltese sur le revers de mon veston. J'accorde évidemment de la valeur à ce que cette récompense représente, mais l'objet en lui-même n'a rien de sacré ! Dès mon retour à Ajaccio, où j'avais décidé de poursuivre mes vacances en famille après mon exposé de lauréat, des amis italiens sont venus nous rendre visite. À l'heure de l'apéro, ils ont commencé à jouer avec la médaille, se la lançant comme un ballon. Je n'ai pas résisté à l'envie de me joindre à eux. Bien entendu, la médaille a fini par tomber par terre. Comme elle est en or massif, un métal assez tendre, le choc a laissé une marque, un *poc*, qui n'a jamais disparu. Tant mieux : ça la distingue des autres.

Elle passe depuis lors une retraite paisible et sûre dans un tiroir de mon bureau.

12
RÈGLES DE *ROIS*

Après la parenthèse Fields, j'ai repris mon poste d'enseignant-chercheur à Dauphine. Seul changement notable dans mon quotidien professionnel post-médaille : j'ai obtenu un détachement au CNRS pour une durée de trois ou quatre ans, une marque de reconnaissance qui me permettait de me consacrer entièrement à mes projets de recherche et me dispensait donc de donner des cours.

Depuis mon arrivée à l'université d'éco-gestion, notre petite équipe de matheux s'était bien étoffée. À partir de la fin des années 1980, notre laboratoire maison, le CEREMADE, longtemps considéré par les autres labos de Dauphine comme un mouton à cinq pattes, a vu sa réputation grandir en même temps que la mienne, attirant bientôt l'attention des pouvoirs publics. Nous avons obtenu des budgets de recherche supplémentaires, le rattachement au CNRS, la création d'une chaire de mathématiques, l'installation en avant-première d'une technologie de communication balbutiante nommée Internet et même quelques crédits alloués par l'armée américaine, toujours à la pointe dès qu'il s'agit de repérer des équipes de recherche innovantes aux quatre coins de la planète.

Nous avons profité de ce confort nouveau pour recruter quelques pointures. Parmi celles-ci, Yves Meyer, mathématicien et professeur à Polytechnique, nous a rejoints en 1985. Il venait tout juste d'être auréolé du Grand Prix de l'Académie des sciences. Peu de temps après son arrivée, il développera la théorie des ondelettes, très utiles pour le traitement d'images et de signaux en général. Peu connue du grand public, cette théorie est fameuse chez les mathématiciens, de très nombreux scientifiques ou ingénieurs, et continue aujourd'hui d'être explorée. Bref, une superstar !

Au début des années 1990, les premières récompenses attribuées à nos chercheurs maison ont commencé à tomber. En 1994, mon couronnement a consacré la réputation du CEREMADE, dès lors considéré comme un centre d'excellence en mathématiques appliquées. Son identité très forte, qui mêlait à la fois finance, traitement de données et physique – sous mon impulsion –, la rendait unique en son genre sur la scène internationale et a certainement beaucoup contribué à son rayonnement.

Mon retour à la vie courante fut aussi marqué par un intérêt grandissant des industriels et des autorités publiques pour ma petite personne. Le nouveau ministre de la Recherche et de l'Enseignement supérieur du gouvernement Balladur, François Fillon, a fait appel à moi pour intégrer le tout nouveau Comité d'orientation stratégique, le COS. Composé de quinze membres, scientifiques et dirigeants de grands groupes industriels, il était censé détecter, prioriser et accompagner les grandes politiques publiques en matière de recherche et d'innovation. J'y ai fait la rencontre de personnalités scientifiques de premier plan, comme le Prix Nobel de chimie Jean-Marie

Lehn, qui deviendra quelques années plus tard mon collègue de bureau au Collège de France, ou le biologiste Axel Kahn.

Cette nouvelle corde à mon arc m'a aussi permis de sympathiser avec des patrons de grands fleurons de l'économie française membres du COS : Pierre Faurre, PDG de Sagem, par ailleurs désigné président du COS par le gouvernement, Serge Tchuruk, PDG de Total, et Noël Forgeard, PDG de Matra puis Airbus. Jusqu'ici, mes contacts avec les entreprises privées se limitaient aux équipes de recherche et développement, pour qui j'effectuais des missions de conseil ponctuelles. En intégrant le COS, je suis passé à l'échelon supérieur : je côtoyais désormais le monde fermé des grands patrons, avec qui je pouvais ainsi traiter *en direct*. Un univers clos gouverné par le règne de l'entraide et l'entregent. J'y reviendrai. Les trois patrons cités plus haut partageaient d'ailleurs un point commun significatif : ils étaient tous diplômés de l'École polytechnique. Si j'étais déjà un proche de Pierre Faurre, car nos familles étaient amies, je ne connaissais pas les deux autres dont il me disait le plus grand bien.

Au-delà de la participation au COS, mes contacts avec l'industrie se sont intensifiés. Ainsi, je suis devenu conseiller scientifique de la branche lanceurs d'Aérospatiale dont Noël Forgeard venait de prendre les rênes. Mais je ne crois pas que les deux faits soient liés, je pense que mon profil atypique de touche-à-tout et de curieux insatiable intéressait les dirigeants de la branche. Quelques mois après le début de ma collaboration avec Aérospatiale, le 4 juin 1995, *Ariane 5* effectuait son vol inaugural sur la base de Kourou, en Guyane. Trente-sept secondes après la mise à feu, le lanceur explosait dans les airs. L'échec, qualifié à juste titre de catastrophe industrielle, a fait grand bruit et entraîné l'ouverture d'une commission d'enquête présidée par… mon père, nommé entre-temps à la tête du Centre national d'études spatiales, le CNES. Les investigations ont révélé une erreur informatique du logiciel de navigation gérant les instruments de vol.

Dès ces premières conclusions connues, Philippe Couillard, chargé de la branche lanceurs, m'a demandé de proposer une solution rapide pour corriger le bug. Mon premier réflexe fut d'appeler Bernard Larrouturou, le président de l'Institut national de recherche en informatique et en automatique, l'Inria, à qui j'ai demandé de réunir en urgence une équipe de chercheurs ultra-motivés « qui travailleront pour l'intérêt de la nation », ai-je précisé. Je n'exagérais pas, tant les enjeux financiers et stratégiques que représentait *Ariane 5*, à la fois pour la France et à l'échelle européenne, étaient énormes. Bernard, aidé de Gilles Kahn, a réuni très rapidement une petite équipe.

Cette dernière, en majorité composée de jeunes chercheurs en informatique, était d'une qualité remarquable et je n'avais plus qu'à suivre son travail. Leur outil informatique maison, développé en un temps record, a permis de résoudre le problème du logiciel de vol de manière aussi rapide que spectaculaire. L'un des membres du commando créera même une start-up fondée sur l'exploitation de ce logiciel pour d'autres applications quelques mois après la fin de cette mission. Ce succès collectif, qui aboutira en bout de chaîne au lancement réussi du second vol d'*Ariane 5* le 30 octobre 1997, reste à ce jour l'un de mes meilleurs souvenirs professionnels non strictement mathématiques.

En tant que conseiller « tout sujet scientifique », j'interviendrai dans de nombreux domaines pour Aérospatiale, comme le développement et la conception d'*Ariane 5* ou le changement de l'infrastructure informatique des bases de données utilisées pour nombre de logiciels. Pour illustrer les différentes manières dont j'ai pu éventuellement me rendre utile, l'histoire du « pilotage robuste » d'*Ariane 5* me semble un bon exemple. L'équipe d'ingénieurs de haut niveau chargée du logiciel de pilotage s'était lancée dans un projet complexe pour améliorer le pilotage. Rappelons que ce n'est pas tâche aisée : plus de deux cents tonnes de poudre de chaque côté de la fusée au décollage, un vol dans un environnement variable et incertain… ! L'équipe avait développé un nouveau module de pilotage en se servant de la théorie mathématique appelée « théorie du contrôle robuste » afin de rendre plus sûr et plus économe le pilotage de la fusée. Mon rôle a été de garantir la validité scientifique de ce nouveau module, tout d'abord auprès de la direction, puis auprès du CNES qui était la seule instance pouvant autoriser l'utilisation du nouveau module. Après avoir longuement vérifié le travail de l'équipe, je pus apporter ces garanties. Les vols qui suivirent la substitution furent couronnés de succès et les effets bénéfiques du nouveau module confirmés en vol. Ouf !

Les réunions du COS, souvent très policées, me donnaient l'occasion de faire parler ma franchise légendaire. Pourquoi m'en serais-je privé ? Ma liberté de ton, à la fois liée à mon statut de fonctionnaire de la recherche publique et à ma personnalité profonde, n'avait aucune raison de ne pas s'exprimer. Lors des tours de table, mes coups d'éclat provoquaient le plus souvent des moues dubitatives, voire des regards gênés. Serge Tchuruk était l'un des rares à apprécier mon aversion pour la langue de bois. Passé de la présidence de Total à la tête d'Alcatel peu après la création du COS, il m'a proposé d'en rejoindre le conseil d'administration (CA). Je ne m'étais jamais prêté à ce genre d'exercice. J'ai accepté, motivé par mon insatiable curiosité qui trouvait là un nouveau territoire à explorer. Comment résister à l'opportunité de découvrir les coulisses de la gestion d'un mastodonte comme Alcatel et ainsi de mieux comprendre toute la chaîne décisionnelle qui va des équipes techniques à la direction dans un groupe de haute technologie.

Une question se posait néanmoins : un fonctionnaire pouvait-il cumuler son statut avec celui d'administrateur d'une société ? J'ai téléphoné à Pierre Faurre, en sa double qualité de PDG d'un grand groupe et de président du COS, pour en avoir le cœur net. « Attends, j'appelle le ministre pour vérifier », m'a-t-il glissé comme une formalité. Je ne m'attendais pas à cette réponse. Les liens étroits entre grands patrons et politiques n'étaient donc pas une légende. Je n'étais pas assez naïf pour l'ignorer, mais en être ainsi le témoin direct m'a fait quelque chose, je dois bien l'avouer.

Le plus étonnant est que je n'étais pas au bout de mes surprises. Faurre m'a rappelé moins de dix minutes plus tard. « Bon, normalement ce n'est pas super-légal, mais là ils ferment les yeux. » Je ne sais plus si j'ai ri, mais il y avait de quoi.

Au CA d'Alcatel, j'ai fait la rencontre d'un autre personnage haut en couleur, Ambroise Roux. Polytechnicien, conservateur classé à droite, c'était une figure légendaire du capitalisme à la française, notamment connu pour avoir été à la tête de la Compagnie générale d'électricité, l'ancêtre d'Alcatel. Il était aussi surtout un lobbyiste puissant de la cause patronale, un proche de nombreuses figures politiques de droite et un faiseur de rois à qui l'on a attribué la réussite de carrières aussi éclatantes que celles de François Pinault, Georges Pébereau ou Jean-Marie Messier. Certainement surpris d'avoir vu débarquer un profil iconoclaste comme le mien au CA, il m'a invité un soir au restaurant pour mieux faire connaissance.

Alors qu'il prétendait vouloir en savoir plus sur moi, il a passé l'essentiel du repas à me raconter ses faits d'armes avec force anecdotes. Elles témoignaient toutes d'une brutalité rare. Extrait : « Untel, je l'ai fait entrer dans tel CA, en lui faisant comprendre qu'il serait bien payé et qu'en retour, il serait bien inspiré de fermer sa gueule. » Ma grimace a dû lui faire comprendre que je n'étais pas le bon candidat pour ce genre de manœuvres. « Les garçons comme vous me posent problème, parce qu'ils sont très polis mais on ne sait jamais ce qu'ils pensent », a-t-il conclu.

Entre nous, il valait mieux qu'il ne sache pas, même si mon âge (à peine plus de 40 ans) et mon absence totale de repères dans ce monde que je découvrais faisaient qu'au moins dans un premier temps il me fallait beaucoup écouter pour mieux analyser et comprendre.

13
LADY GAGA ET MOI

Jean-Christophe et moi sommes les cinquièmes et sixièmes lauréats français de l'histoire de la médaille Fields. Le premier Français couronné en 1936 n'était autre que le directeur de thèse et grand ami de mon père Laurent Schwartz. Depuis le doublé du millésime 1994, quatre de nos compatriotes ont été à leur tour sacrés, faisant de la France le deuxième pays le mieux doté de l'histoire de la médaille avec douze lauréats, juste derrière les États-Unis et leurs treize médaillés.

J'ai eu la chance d'interagir avec certains lauréats récompensés après moi, dont l'un des derniers en date, l'Italien Alessio Figalli, sacré en 2018. Le comité Fields avait notamment salué ses travaux sur la théorie Di Perna-Lions, apportant des contributions nouvelles et notables à la découverte que Ron et moi avions faite.

Alessio, francophile, ancien élève de l'École normale supérieure de Lyon, avait un autre point commun avec moi : l'un de ses deux directeurs de thèse n'était autre qu'un de mes anciens élèves. Un mathématicien iconoclaste, gros bosseur, à la personnalité pour le moins atypique, dont j'avais moi-même dirigé la thèse en 1998. J'ai vu défiler une cinquantaine de thésards durant ma carrière, mais le souvenir de celui-ci ne risque pas de s'effacer de ma mémoire. Il est aussi probablement bien présent dans la vôtre. Son nom : Cédric Villani.

Mon premier contact avec Cédric remonte au début de l'année 1995. J'ai reçu un soir un coup de fil de Yann Brenier. Je connaissais bien ce mathématicien de l'ENS à l'époque, très impliqué dans la formation de ses élèves, et qui donnait volontiers orientations et conseils à ceux qui galéraient à l'heure de trouver un sujet de thèse à la hauteur de leurs ambitions.

Cela faisait déjà quelques années que les matheux du CEREMADE, dont j'étais, récupéraient des aspirants thésards de l'ENS. Le jour du coup de fil de Yann, le candidat était pour moi.

– J'ai là un jeune normalien qui s'apprête à entrer en thèse et qui ne sait pas trop ce qu'il veut faire, m'a expliqué Yann. Il hésite entre physique et maths. Je te préviens tout de suite, c'est un type assez original. Mais te connaissant, je pense que sa personnalité et ses thèmes de prédilection vont te plaire.

– Je n'ai qu'à lui proposer un sujet de maths en lien avec la physique et le problème sera réglé, ai-je répondu dans l'instant, tout en acceptant de me pencher plus sérieusement sur ce cas.

J'ai demandé à Yann quelques jours de réflexion pour trouver le bon sujet. Après quoi, j'ai donné rendez-vous à son poulain un jour de semaine à 15 heures, au café des Feuillantines, le lieu de rencontre et de glandouille habituel des normaliens, situé à deux pas de l'école. Nous étions au sortir de l'hiver. J'étais pile à l'heure, mais ce n'était pas le cas du jeune étudiant. Je me suis attablé et j'ai commandé un café.

Au bout d'un quart d'heure d'attente, j'ai vu débarquer un genre d'escogriffe improbable courant dans ma direction.

Sa démarche pressée faisait voltiger ses cheveux longs et les pans de son long manteau noir. À mesure qu'il s'approchait, j'ai vu se dessiner un visage fin au teint pâle, presque blafard. Combiné à son accoutrement, j'avais l'impression d'avoir affaire à un personnage tout droit sorti d'un roman fantastique du XIXe siècle.

– Désolé, je suis en retard, a-t-il glissé encore essoufflé, avec un accent du Sud assez léger mais parfaitement identifiable.

À force d'attente, j'avais fini ma tasse de café. J'en ai commandé un autre et lui ai demandé ce qu'il voulait boire. « Un kir, merci. » Ah oui, bon, d'accord. Une fois assis face à moi, j'ai pu admirer de plus près sa tenue décidément très singulière pour un étudiant de seulement 20 ans : veste noire, gilet noir, pantalon noir, chemise blanche à jabot, nœud papillon. Je crois aussi me souvenir qu'il portait déjà sa fameuse montre à gousset glissée dans la poche de son gilet. Élégant, mais pas simple pour lire l'heure. Peut-être fallait-il y voir la cause de ses problèmes de ponctualité.

Nous avons adopté le tutoiement de rigueur entre normaliens. Il a confirmé hésiter entre un sujet de maths et de physique. Je lui ai tout de suite parlé de l'équation de Boltzmann, à la frontière des deux matières, dont l'une des variantes, peu explorée, me paraissait digne d'intérêt. J'avais amené avec moi un livre qui détaillait les problématiques soulevées par l'équation. Il a souhaité en savoir plus, m'interrogeant sur les défis techniques qu'une telle entreprise renfermait. Sa curiosité était piquée.

– Je pense que c'est une très bonne idée de sujet, a-t-il finalement tranché. En revanche, je ne pourrai pas commencer à travailler tout de suite. Je suis secrétaire du bureau de l'association des élèves et je suis en pleine préparation du bal de l'école.

Un bal. La caricature du XIXe siècle était complète. Cette fois, j'étais certain de la raison de son retard : il n'avait pas réussi à trouver une place à proximité du café pour garer son cheval.

Cédric a pris congé en promettant de se mettre au travail dans « quelques semaines ». J'avoue avoir eu à cet instant des doutes sur le degré de motivation du jeune garçon. À vrai dire, je me demandais un peu dans quelle drôle d'histoire je venais de me fourrer. J'ai patienté, sans trop m'en soucier, occupé par d'autres tâches.

Un mois est passé. Puis un mois encore. Puis un autre. Au mois de juin, ne voyant toujours rien venir, je lui ai adressé un courrier qui comportait un carton de visite – une carte de visite grand format – sur lequel je m'étais contenté de griffonner quelques mots : « Cher Cédric. Il serait peut-être temps de se mettre au boulot… Amitiés. PL. »

À réception de ma missive au ton pince-sans-rire, le jeune thésard m'a immédiatement contacté pour s'expliquer. Après le fameux bal, il avait fait face à des ennuis de santé assez graves conduisant à une brève hospitalisation. Il était manifestement de constitution fragile. J'étais bien disposé à le croire, au vu de sa silhouette frêle qui donnait l'impression qu'un croche-pied suffirait à le voir se briser au sol en mille morceaux.

Cette fois, il s'est mis au travail. Et s'est révélé. Un bosseur hors norme. Une machine à abattre des murs. Ce qui me frappait le plus, c'était sa volonté, sa ténacité, sa capacité à mobiliser toute son énergie vers l'objectif à atteindre. Je craignais d'avoir affaire à un dandy dilettante, davantage préoccupé par son look extravagant et ses responsabilités associatives. C'était tout le contraire. Il est très vite rentré dans le sujet qu'il connaissait pourtant à peine et en a maîtrisé les principaux enjeux. Je ne savais pas encore si j'avais affaire à quelqu'un de brillant, mais j'étais sûr d'être en présence d'un garçon intelligent.

La suite a confirmé ce bon pressentiment. Après deux ans de travail acharné – le mot n'est pas trop fort – et la publication de plusieurs articles, Cédric m'a soumis le manuscrit de sa thèse intitulée « Contribution à l'étude mathématique des équations de Boltzmann et de Landau en théorie cinétique des gaz et des plasmas ». Elle cumulait environ cinq cents pages – peut-être même six cents, je ne sais plus. C'est beaucoup pour une thèse en mathématiques. Le résultat était très bon. Peut-être pas exceptionnel, mais très, très bon. Ce souci qu'il avait de se poser des questions par lui-même et de faire siennes des problématiques formulées par d'autres, était marquant.

Mais ce qui distinguait Cédric du lot, c'était sa capacité de synthèse, pour le coup, tout à fait exceptionnelle. C'était le signe indiscutable d'un esprit parfaitement organisé. J'ai aussi beaucoup apprécié ses qualités rédactionnelles. Il n'y avait pas une virgule à changer. Ce n'était pas un objet littéraire, bien sûr, mais cette écriture à la fois claire, précise et grammaticalement irréprochable, démontrait une maîtrise de la langue rare pour un matheux et rendait la lecture fluide et agréable. De toutes les qualités de sa thèse, c'est sans doute cet aspect particulier qui m'a le plus frappé.

Cédric a effectué sa soutenance dans les locaux de la CEREMADE à Dauphine. Je suis arrivé tout juste à l'heure.

Cette fois, Cédric était en avance. En entrant, mon regard a buté sur cet énorme pavé posé sur la table du jury. J'ai feuilleté les premières pages consacrées aux remerciements. Une fois de plus, l'exercice, habituellement formel et vite expédié, était ici joliment réalisé. En découvrant la page suivante, j'ai éclaté de rire : Cédric avait photocopié ma laconique missive envoyée trois ans plus tôt l'incitant à se mettre au boulot. Le thésard a souri en m'entendant m'esclaffer. « Tu as vu ? » a-t-il commenté, goûtant son effet. Il avait tout de suite deviné sur quoi je venais de tomber.

Après sa soutenance, j'ai suivi de loin le parcours de Cédric. Je n'ai pas cherché à prendre plus de nouvelles que ça. Je possède une personnalité forte. Je suis un directeur de thèse exigeant. D'aucuns diraient pénible, ce que j'admets tout à fait. C'est aussi la raison pour laquelle je me montre plus distant une fois ma mission accomplie. Je considère que le lien, assez fort, qui se noue entre un directeur de thèse et son élève doit être rapidement rompu. Il faut que l'étudiant puisse s'émanciper de cette influence tutélaire souvent pesante, parfois même envahissante, et trouve sa voie en toute liberté. En clair, il lui faut tuer le père.

Cédric s'est naturellement lancé dans une carrière d'enseignant-chercheur, devenant professeur des universités à l'École normale supérieure de Lyon. Nos interactions se limitaient alors à quelques conversations informelles en marge d'un colloque ou d'un exposé. Ses projets de recherche consistaient pour l'essentiel à réaliser d'énormes ouvrages de synthèse sur des champs de recherche déjà bien défrichés. C'était du très bon travail que j'observais avec respect, mais qui ne me faisait pas grimper aux rideaux, soyons honnêtes.

Je trouvais que son approche et ses méthodes d'analyse manquaient un peu d'originalité, ce faisant je mettais la barre très haut.

Cédric est une personnalité nettement plus subtile que la mienne. Je ne suis pas toujours d'une grande délicatesse, surtout quand je partage le fond de ma pensée avec les gens que j'estime. C'est mon côté troisième ligne de rugby. Je crains que mon sentiment qu'il avait parfaitement compris ne lui ait déplu.

Des proches de Cédric m'ont dit qu'il avait développé une sorte de complexe. Qu'il avait l'impression de ne pas être à la hauteur des ambitions que je lui prêtais et de celles qu'il avait sans doute pour lui-même.

Ce genre de considération, qui s'apparente à un esprit de compétition, n'a aucun sens à un niveau aussi élevé que le nôtre. Qui est le meilleur tennisman entre Borg et Federer ? Tenter de répondre à cette question, même en comparant le nombre de matchs remportés, restera vain. Ou bien le problème était ailleurs : Cédric cherchait peut-être des félicitations ou des encouragements de ma part qu'il n'a pas eus et s'est vexé. Or mon appréciation était naturellement un hommage à ses grandes capacités : tout simplement, je considérais qu'il valait encore mieux !

Que ces questions aient été réelles ou pas, toujours est-il que le travail de Cédric a gagné en qualité et en profondeur au fil des années. Jusqu'à l'année 2009, et la publication d'un article retentissant sur l'amortissement de Landau. La description de ce phénomène physique, théorisée par le physicien russe Lev Landau en 1946, dessinait le comportement particulier du plasma – disons pour simplifier générant un champ électrique – dans certains environnements. Selon son intuition, les particules qui composent ce gaz, notamment les électrons, interagiraient d'une manière surprenante au cours du temps.

Cette curiosité a bousculé le monde de la physique. Le phénomène étant impossible à vérifier par l'observation, seules les mathématiques pouvaient venir au secours des physiciens et confirmer son existence. La difficulté de l'exercice était immense. Cédric, en collaboration avec un de ses élèves, y est parvenu, confirmant l'hypothèse de Landau dans certains contextes particuliers et résolvant du même coup une grande partie de cette énigme tenace. Comme je le pressentais, il n'était pas qu'un grand esprit de synthèse : il était aussi capable d'ouvrir des portes. Jusqu'ici, Cédric avait prouvé qu'il était excellent mathématicien. Cette fois, il avait montré, à mes yeux comme au reste de la communauté, qu'il était un mathématicien brillant.

La publication de cet article remarquable a précédé de seulement neuf mois la tenue du Congrès international de mathématiques d'Hyderabad, en Inde, synonyme d'une nouvelle moisson de médailles Fields. De bon augure. Alors qu'ils planchaient sur le nom des futurs lauréats, des membres du comité m'ont contacté. Villani faisait partie de la short-list. Ils voulaient mon avis sur lui et sur quelques autres favoris. J'ai commencé par dire que ma proximité avec Cédric m'interdisait de me prononcer sur son cas. Après quoi, j'ai expliqué en détail à mes interlocuteurs que les autres candidats ne me semblaient pas au niveau.

Rétrospectivement, c'était le meilleur service que je pouvais rendre à Cédric. Le soutenir ouvertement risquait de discréditer sa candidature. Dans le même temps, disqualifier les autres prétendants revenait *de facto* à apporter mon soutien implicite au choix de Cédric. Toujours est-il qu'à l'approche du congrès, j'étais convaincu qu'il serait récompensé et avait même discrètement prévenu le cabinet de la ministre de la Recherche de l'époque.

Vous connaissez la suite de l'histoire. Lors du congrès qui s'est ouvert le 19 août 2010, Cédric s'est vu décerner la médaille Fields au côté de trois autres mathématiciens. Clin d'œil amusant de l'histoire, un autre Français, le franco-vietnamien Ngô Bào Châu, fut aussi récompensé, rappelant le doublé de 1994. J'avoue avoir ressenti un peu de fierté, même si je refusais de me l'avouer à cette époque. En vérité, il n'y avait pas de quoi : j'avais allumé la mèche en dirigeant sa thèse, mais je n'avais eu aucune influence sur le reste de sa carrière. Pourtant, inconsciemment, je voyais se dessiner une sorte de lignée de médaillés dont j'étais le point de départ. Le sacre d'Alessio Figalli, élève de Cédric, en 2018, a entériné ce sentiment. À double titre : le jeune Italien s'était notamment distingué en travaillant sur un problème que j'avais exposé lors d'une conférence à Pise, où son autre codirecteur de thèse, Luigi Ambrosio, un ami de longue date, était présent. J'ai suggéré à Ambrosio de tirer le fil avec ses élèves, assurant qu'ils parviendraient à une solution, sans que je sache comment, ni à quelle échéance. Quatre mois plus tard, ils résolvaient le problème posé avec brio, ouvrant la voie au futur sacre d'Alessio.

Après son couronnement, Cédric ne m'a pas envoyé de message. Je ne lui en ai pas adressé non plus. Nous nous sommes revus lors du dîner organisé en son honneur et celui de Ngô Bào Châu – finalement absent – par le président de l'époque, Nicolas Sarkozy, à l'Élysée. Je l'ai félicité, il m'a remercié. Nous avons poursuivi cette relation distante, faite de rencontres hasardeuses et fugaces.

Pour avoir de ses nouvelles, il me suffisait d'ouvrir un journal numérique ou papier. Face aux sollicitations médiatiques, Cédric s'est en effet tout de suite montré beaucoup plus enthousiaste que moi. Il était de toutes les interviews, presse papier, radio, émissions télévisées. Même si telle n'avait pas été ma réaction, céder à ce genre de tentations me paraissait assez naturel.

Mais au fil des mois, le rythme de ses apparitions ne s'est pas essoufflé. Cédric ne se contentait pas d'accepter les propositions des médias : il semblait les chercher. Parallèlement, il a entamé une tournée des établissements scolaires, tout en préparant la publication d'un livre, *Théorème vivant*, paru en 2012, qui revenait sur ses années de recherche. Quels que soient le support ou les circonstances dans lesquels il s'exprimait, sa posture était toujours la même : il se faisait le champion de la vulgarisation et de la démythification des mathématiques. Ou plutôt de *la* mathématique.

Cédric n'aime pas conjuguer les mathématiques au pluriel. C'est un vieux contentieux entre nous. Il trouve que l'emploi du singulier souligne l'unicité de notre discipline. Moi j'y vois une vision monolithique de celle-ci. Mais ce qui me gênait alors était son insistance à mettre en lumière les maths traditionnelles, abstraites, au détriment des maths appliquées, bref de ne pas assez insister, au moins dans ses premières prises de parole, sur le fait que les maths sont un outil fondamental pour le monde réel. Je trouvais cela dommage.

Ces réserves mises à part, Cédric s'est avéré un vulgarisateur doué, très doué. L'écho de ses interventions nombreuses fut si positif auprès du grand public qu'il m'est revenu aux oreilles de manière indirecte et pour le moins amusante. En rendant visite à ma mère, l'un de ses voisins m'a interpellé. Il avait lu une série de textes vulgarisés signés par Cédric dans un supplément estival du journal *Le monde*. Cette lecture l'avait enchanté : « Je sais que Villani a été votre élève, et je dois dire que ses articles sont très intéressants et très bien écrits. Vous devriez vous y mettre ! » Sur le coup, sa remarque m'a fait sourire, mais elle témoignait du réel talent de Cédric à partager sa passion pour les mathématiques avec le plus grand nombre.

Après une année passée sous les projecteurs, Cédric n'est pas retourné à nos maths. Il n'a pas annoncé vouloir arrêter son métier de mathématicien pour autant. Le flou le plus total régnait sur ses projets futurs. J'avais du mal à le suivre. Sa boulimie médiatique, qui paraissait ne jamais pouvoir être assouvie, commençait à me mettre mal à l'aise.

Le point culminant fut atteint lors de la publication d'un portrait dans *Télérama*, le 21 octobre 2011, titré « La Lady Gaga des maths ». La formule était du journaliste, mais Cédric semble l'avoir appréciée puisqu'il l'a lui-même suggérée à un journaliste autrichien par la suite. Il faisait ici référence à son image excentrique – la lavallière, l'araignée épinglée à son revers – qui l'avait désigné, selon lui, comme un « bon client » des médias. Ce sobriquet l'a poursuivi durant des mois. Tout ça allait trop loin. Il était passé de l'exercice utile de la vulgarisation à une sorte de one-man-show permanent que je jugeais égotique et bouffon, dont ni les mathématiques ni sa propre personne ne sortaient grandies.

Nous nous sommes revus en Roumanie quelques mois après la publication de cet article. Cédric et moi étions tous deux invités par l'université de Bucarest qui nous décernait le titre de docteur *honoris causa*. En marge des célébrations, j'ai pris la peine de lui faire part de mon ressenti. Ou plutôt, j'ai passé une bonne heure à l'engueuler. C'est bien de vulgariser une discipline mal comprise voire mal aimée, mais, non, ce n'est pas bien de faire le clown. Non, ce n'est pas une bonne chose de se faire appeler « la Lady Gaga des maths ». Il doit être possible, lui ai-je dit, de poursuivre son œuvre utile d'explication et de démythification en ayant du respect pour soi-même et pour notre discipline.

Je l'ai aussi fait part de mon inquiétude de le voir s'éloigner des maths : les mathématiques avaient fait de lui ce qu'il était. Sans elles, l'attention finirait par retomber. Avec le recul, j'admets que mon ton était paternaliste, voire moralisateur. Mais j'étais inquiet d'imaginer la suite de sa carrière une fois les projecteurs éteints. Allait-il retrouver son niveau d'avant en maths ? Allait-il supporter de retomber dans l'anonymat ?

Cédric a encaissé mes reproches sans broncher. Il a laissé passer la tempête en affichant un sourire de façade. Il s'est contenté de me dire que j'exagérais, que ma réaction était excessive. Il a surtout attendu que ça passe. Il savait qu'avec moi, il aurait du mal à en placer une. Il n'avait pas tort. J'ignore si mes mots ont eu une quelconque influence sur lui.

Cédric est trop intelligent pour ne pas se rendre compte que mon constat était – au moins en partie – justifié. Je ne voulais pas le blesser et j'espère qu'il ne l'a pas pris comme ça. Au fond de lui, je suis sûr qu'il savait que c'était par crainte pour son avenir et par affection que je me suis permis une telle franchise.

À partir de 2014, l'engagement politique de Cédric a apaisé une partie de mes inquiétudes. Elle levait, une fois pour toutes, le mystère de la suite de sa vie professionnelle. Les maths, c'était terminé. Je ne savais pas si c'était une bonne décision, mais elle avait le mérite de la clarté.

Après avoir soutenu la candidature d'Anne Hidalgo à la mairie de Paris en mars 2014, il s'est prononcé en faveur de l'élection d'Emmanuel Macron à l'Élysée, puis est devenu député LREM de l'Essonne – le département où il vivait – une fois celui-ci élu. J'ai toujours été passionné par la politique. Voir Cédric, un garçon que je savais intelligent et honnête, entrer dans cet univers où règnent le plus souvent la bêtise et la poursuite d'intérêts personnels m'a séduit. J'ai suivi ses premiers pas avec curiosité et plaisir. J'y ai tout de suite vu les mêmes qualités que celles du mathématicien : il s'est mis au travail avec le sens du devoir et la ténacité qui le caractérisent. Quelques semaines après son entrée au Palais-Bourbon, il connaissait déjà le code de l'Assemblée nationale sur le bout des doigts.

J'ai toujours connu Cédric comme étant un humaniste et un européiste convaincu. C'est aussi un homme mesuré, un chantre de la nuance et de la complexité des choses. Sur le papier, la compatibilité avec Emmanuel Macron semblait parfaite, jusqu'à ce goût pour la formule « en même temps » qui lui va bien. Malgré sa fidélité au président, il a montré à plusieurs reprises une indépendance d'esprit qui a plu à l'opposant à la politique d'Emmanuel Macron que je suis. Il a par exemple pris position sur le manque d'humanité du gouvernement face aux embarcations de migrants en détresse avant que le Premier ministre n'infléchisse sa position. Au cours des votes sur le traité CETA (le controversé traité de libre-échange signé entre l'Union européenne et le Canada) ou la loi anticasseurs (portée par le gouvernement en pleine crise des « gilets jaunes »), Cédric s'est abstenu, même si j'aurais préféré qu'il vote contre, comme l'ont fait certains députés LREM. Je rêvais d'un Don Quichotte qui abat les moulins et, si je considère qu'il en est loin, il n'a pas à rougir de son bilan de député, parvenant à faire taire ceux qui voyaient en lui un hurluberlu ou un illuminé.

Lorsque j'ai appris ses ambitions pour la mairie de Paris, j'ai craint que cette liberté de ton ne lui soit préjudiciable à l'heure d'être choisi par le parti. L'épisode grotesque de la commission nationale d'investiture de LREM, qui a vu Benjamin Griveaux désigné comme le candidat officiel du parti, a confirmé mes craintes. Dès lors que le porte-parole du gouvernement était apparu comme le choix du président, les dés étaient pipés. Cédric en était, semble-t-il, parfaitement conscient, dénonçant « une victoire de l'appareil ». J'étais heureux de constater qu'après un été de réflexion, il a finalement pris le risque de se lancer seul dans la course à l'Hôtel de Ville à l'automne 2019. Et j'ai été fier de ce choix.

Je l'ai dit plus haut, un thésard doit s'émanciper de son directeur de thèse. Il doit *tuer* le père, bien que le mot « père » soit bien sûr exagéré. Quand je repense à mes interactions avec Cédric depuis sa soutenance et aux échanges que j'ai pu avoir avec des membres de son entourage, je ne suis pas sûr qu'il y soit parvenu. Dans ses innombrables interviews, il m'a rarement cité comme une influence quelconque. Il ne m'a que très rarement appelé pour un avis ou un conseil sur une direction à prendre, tandis que je n'hésitais pas à commenter ses travaux. Bien sûr, rien ne l'obligeait à le faire mais peut-être n'a-t-il pas réussi à se débarrasser de l'image tutélaire du directeur de thèse exigeant et à me regarder comme le collègue expérimenté et bienveillant que je suis aujourd'hui.

Lorsque Cédric a fait savoir qu'il se lançait dans la course à la mairie de Paris, j'ai été tenté plus d'une fois de lui envoyer un message pour lui témoigner mon soutien. Je ne l'ai pas fait, trouvant toujours une bonne excuse pour m'abstenir. Je ne sais pas trop pourquoi, peut-être parce que j'attendais qu'il prenne nettement ses distances avec LREM.

En septembre 2019, j'ai finalement signé une tribune parue dans *Le parisien* dans laquelle des personnalités de la société civile affichaient leur préférence pour la candidature de Cédric face à ses concurrents. Lorsqu'il m'a été demandé la manière dont je voulais être présenté, j'ai répondu : « professeur au Collège de France ». Je ne voulais pas que le mot « mathématicien » apparaisse, comme si je craignais que la surabondance de signataires scientifiques rende cette tribune monochrome et lui porte finalement préjudice.

Je ne sais pas si Cédric est un génie. Je ne suis pas sûr de savoir ce qu'est un génie, ni même s'il en existe. Je suis en revanche convaincu que c'est un homme hors du commun. Avec ses qualités, ses défauts, son intelligence, sa personnalité, ses accomplissements dans sa carrière scientifique comme politique. Nous avons eu tant de politiciens issus des appareils, pourquoi ne pas faire le pari de l'intelligence et de l'indépendance d'esprit ? Il sera toujours possible de revenir à un apparatchik si Cédric n'était pas davantage à la hauteur.

Nonobstant les silences et mon irritation face à certains de ses choix, j'ai une réelle affection pour Cédric et sa candidature pour l'Hôtel de Ville m'est apparue comme une réelle opportunité pour les Parisiens.

N'ayant que brièvement évoqué jusqu'à présent mes élèves, il m'importe de dire quelques mots supplémentaires à leur propos. Si Cédric est le plus connu, nombre d'entre eux ont eu un parcours professionnel brillant et je suis fier de tous. Je ne puis les citer tous, ni leurs succès scientifiques, ni les nombreuses récompenses reçues, ni la reconnaissance internationale dont ils jouissent. Je suis également très fier de la proportion de jeunes femmes parmi mes thésards, environ un tiers, ce qui n'est pas si mal dans un milieu très majoritairement masculin. Elles ont, me semble-t-il, réussi à mener des carrières comparables à celles de mes thésards masculins, ce qui n'est pas une mince affaire dans un monde où les inégalités entre femmes et hommes sont tenaces. J'ai donc eu énormément de chance avec mes élèves, qui m'ont d'ailleurs beaucoup plus apporté que je ne leur ai transmis.

14 LA RETRAITE À 38 ANS ?

Quelques mois après l'épisode de la médaille, je rencontre à l'occasion de la fête d'anniversaire d'un ami le dirigeant d'un grand institut de sondages, un homme très médiatisé. Mon ami fait les présentations et évoque la médaille. Presque aussitôt, le monsieur célèbre me dit sur un ton goguenard : « Alors, vous êtes à la retraite ? »

Retraité à 38 ans ? Un régime très spécial qui mériterait d'être montré du doigt, voire dénoncé ! En fait, depuis 1994, malgré de nombreuses sollicitations scientifiques ou technologiques et de non moins nombreuses activités et responsabilités, j'arrive à préserver du temps pour mon activité préférée : les mathématiques ! Je me suis aventuré dans de nombreux thèmes (souvent liés entre eux) de l'analyse et de ses applications. Je vais en évoquer deux parce qu'ils me paraissent illustrer deux aspects de la recherche (notamment en maths) à savoir : la dérive et la cohérence.

La dérive, car nous sommes portés naturellement par un courant invisible d'un sujet à un autre, certes voisin du premier mais néanmoins distinct. J'ai évoqué plus haut l'équation de Boltzmann et le vol de navette spatiale en atmosphère raréfiée. La fin de ce vol nécessite de rentrer dans des couches atmosphériques de plus en plus denses, de plus en plus proches de celles dans lesquelles les avions de ligne se déplacent jusqu'à retrouver les conditions atmosphériques habituelles de nos vies quotidiennes. La vitesse reste néanmoins élevée : pour s'en faire une idée, pensez à des vitesses supérieures à celles des jets militaires qui se réduisent progressivement jusqu'à la vitesse de croisière des avions de ligne. Dans de telles conditions, les lois de la mécanique des fluides se traduisent par des équations mathématiques appelées « équations de Navier-Stokes compressibles ».

Après l'équation de Boltzmann et fort de l'expérience acquise avec son étude, il était naturel que je *dérive* vers ces équations. Très rapidement, je me convaincs de pouvoir, un jour, réussir à faire sur ces équations ce que Ron et moi avions fait sur l'équation de Boltzmann. Mon intuition était bonne. Mais cela allait prendre dix ans ! Non pas dix ans d'efforts continus mais dix années au cours desquelles je vais essayer régulièrement de faire une brèche dans la muraille, en testant à chaque fois de nouvelles zones dans l'espoir d'en trouver une plus friable. En fait, au bout de neuf ans, j'ai soudainement pris conscience que je me posais une question dont la réponse ne pouvait être celle que j'attendais. Bref, je me trompais de question. Cette réalisation était fondée sur un exemple de solutions qui, du coup, me dirigeait vers la bonne question. Pour reprendre l'analogie de la muraille, j'avais subitement (enfin !) levé la tête et réalisé que l'imposante muraille n'en était pas une et qu'il s'agissait d'une montagne. Inutile de s'acharner à taper dessus comme un sourd, il fallait grimper et en élevant le regard, on pouvait facilement apercevoir une voie d'accès. Quelques mois plus tard, j'avais atteint mon objectif et je me mettais à écrire un livre de recherche entièrement consacré à ce sujet. Pour les chercheurs, se poser la bonne question est un enjeu essentiel !

Un chercheur, donc curieux, va également souvent se soucier de cohérence. Cohérence de ce que l'on fait avec ce qui existe déjà, pour vérifier la justesse de son travail. Au passage, commettre des erreurs est inévitable et nos journées sont remplies de tentatives avortées mais aussi de tentatives que nous croyons couronnées de succès jusqu'à la découverte d'une (ou plusieurs) erreur(s). Puis, de temps en temps, la réussite est là. Cohérence des travaux donc, mais aussi cohérence des thèmes. Il s'agit alors de détecter les trous, voire les pans de mur manquant dans la construction collective de notre discipline. Dans mon cas, avec certains de mes anciens élèves, devenus des collaborateurs à part entière, et leurs élèves, nous nous sommes penchés sur la cohérence des modèles mathématiques relevant de la force (physique) électromagnétique qui se manifeste des atomes aux molécules, des molécules aux cristaux et des cristaux aux solides. Bien sûr, on sait beaucoup de choses sur leurs aspects mécaniques, qui puisent leur origine dans la force électromagnétique à travers des échelles d'espace allant de l'atome à celle des objets solides qui nous entourent. À chacune de ces échelles, les physiciens et/ou mécaniciens ont obtenu des descriptions mathématiques, bref des équations, qui reflètent bien la réalité physique. Le passage d'une échelle à l'autre et surtout sa justification mathématique, telle est la tâche à laquelle notre petite équipe s'est attelée. Un livre de recherche écrit avec Isabelle Catto et Claude Le Bris, quelques articles dont nous sommes fiers, mais surtout la satisfaction intellectuelle d'avoir réussi à mettre en lumière la cohérence mathématique de ces domaines variés des sciences.

Je ne dresserai pas ici une liste exhaustive de mon activité de recherche en mathématiques durant ces deux dernières décennies (et demie). Il est plus prudent de s'arrêter là. En tout cas, n'en déplaise à ceux qui croient encore qu'un mathématicien ne serait performant que dans son jeune âge, je n'ai pas pris ma retraite à 38 ans ! Et n'y voyez là aucune allusion à la loi sur les retraites, même si le manque d'analyse globale par ses promoteurs tant dans ses conséquences que dans ses coûts – directs ou de compensation – me consterne et m'indigne…

15 LES PRINCES DE MONTE-CARLO

Je n'ai jamais été obsédé par l'argent tout en étant parfaitement conscient de l'immense privilège d'avoir la possibilité de ne pas m'en soucier. Mes revenus sont plus que confortables. Mon salaire avant impôts de professeur au Collège de France est d'environ six mille euros par mois. Si cela est considérable pour l'écrasante majorité des Français, c'est faible par rapport aux autres pays comparables sur tous les plans et très faible par rapport à de nombreuses professions. Peu importe, la liberté mérite quelques efforts !

En revanche, le sort des jeunes chercheurs est indigne d'un grand pays comme le nôtre. Le salaire d'un enseignant-chercheur débutant est 35 % inférieur à la rémunération moyenne de ses collègues dans les pays européens ou de l'Organisation de coopération et de développement économiques (l'OCDE). Le gouvernement a annoncé vouloir revoir à la hausse les salaires et en faire même une priorité. Mais, en admettant que cette annonce soit suivie d'effet et qu'elle bénéficie à *tous* les jeunes chercheurs, cela mettrait seulement la France au niveau de la moyenne des autres pays (Europe ou OCDE). Comment alors oser parler de priorité nationale ?

Si je ne suis pas à plaindre sur le plan financier, mon cas n'est pas représentatif. Toujours est-il que si l'argent avait gouverné mes choix, je me serais exilé il y a longtemps. J'ai raconté plus haut que l'université de Princeton m'avait proposé un poste d'enseignant-chercheur au sein du prestigieux Institute for Advanced Study. Le salaire annuel était beaucoup plus élevé que le mien actuellement. Ça n'a pas suffi à me convaincre. Aujourd'hui, si j'acceptais un poste dans une fac prestigieuse des États-Unis, mon salaire serait environ multiplié par 12. Mais cela ne change rien à ma décision de rester en France.

Ce manque d'intérêt pour l'argent ne concerne pas seulement mes émoluments. Le monde de la finance en général ne m'a jamais beaucoup intéressé. J'y ai pourtant consacré quelques années de ma carrière, une fois de plus par hasard et par curiosité, et là encore les très gros salaires, qui sont fréquents dans ce milieu, ne m'ont jamais attiré.

La finance se prête très bien à la modélisation mathématique via le recours aux probabilités et aux équations aux dérivées partielles. C'est tout naturel : rien n'est plus dynamique et mouvant que les marchés financiers. Les probabilistes ont été les premiers à se pencher sur la question avec, en ligne de mire, un objectif simple : peut-on comprendre, grâce à la modélisation mathématique, le comportement en apparence imprévisible de produits financiers ?

L'école française de mathématiques fut pionnière sur ce sujet. Au début des années 1990, la probabiliste Nicole El Karoui créait la première option finance du DEA de probabilités de l'université Paris VI. À l'époque, les matheux intéressés par cette question prenaient pour terrain de jeu ce que les financiers appellent des options. Il s'agit d'un type de produit financier dit dérivé qui, en théorie, assure son détenteur sur les fluctuations d'une action (ou d'un autre actif financier) – à la hausse ou la baisse – sur une période donnée. Si l'acheteur a vu juste au terme de l'échéance, il engrange une plus-value.

Prenons un exemple proche de la réalité. Airbus fabrique ses avions en Europe et ses coûts sont donc en euros. Les ventes s'effectuent en dollars. Et entre le moment où un contrat de vente est signé et celui où l'avion est payé, le taux de change entre les deux monnaies peut réduire le bénéfice voire le transformer en perte si le dollar baisse par rapport à l'euro. Comment dès lors se protéger des fluctuations imprévisibles du taux de change ? Les options répondent précisément à ce besoin, garantissant en quelque sorte une valeur du taux de change en contrepartie du versement immédiat d'une sorte de prime d'assurance à l'institution financière émettant l'option. Il existe de nombreux types d'options dont la complexité n'a cessé de croître avec le temps, tout du moins jusqu'à la crise financière de 2008. Les ingénieurs financiers sont même allés jusqu'à imaginer des options sur les options ! Certaines options sont simplement des promesses d'achat ou de vente liées à un produit (action, baril de pétrole, devise…). C'est pourquoi on parle de « produit dérivé ». Cela explique aussi le titre de l'excellent petit livre sur la finance de mon ami et collaborateur Pierre-Noël Giraud, *Le commerce des promesses*.

Si, à la base, les options n'étaient pas des produits financiers en soi, elles le sont rapidement devenues et de nombreuses options peuvent être vendues ou achetées sur les marchés financiers.

Pour les banques qui gèrent des portefeuilles de milliers d'actions et qui émettent toutes sortes d'options, acheter ou vendre des options à bon escient peut être une source importante de profits ou, *a minima*, permettre de limiter des pertes. Mais à quel moment en acheter, en quelle quantité, à quel prix, à quelle échéance ? C'est à ces questions que la modélisation mathématique entendait apporter des réponses. Grâce aux données objectives et quantitatives à la disposition du mathématicien – prix, fluctuations antérieures, volume d'actions, temps… –, il peut développer des modèles permettant d'expliquer le prix des options disponibles sur les marchés financiers, puis de prédire le bon prix de nouvelles options et de se protéger contre les fluctuations au cours du temps de ces prix. Et donc, permettre aux banques de souscrire ou de vendre des options qui lui promettront la meilleure plus-value.

Lorsque les premiers travaux de finance mathématique ont commencé à émerger au milieu des années 1990, j'ai observé ce nouveau champ théorique d'assez loin. La finance n'était pas mon domaine de prédilection et j'y portais peu d'intérêt, à la fois en tant que chercheur et en tant qu'Homme. Mais j'étais un mathématicien appliqué et dans une université d'éco-gestion qui plus est. Je pouvais difficilement ignorer les applications concrètes à la mode, mais les problèmes mathématiques que la finance posait ne me paraissaient pas très intéressants. Je n'avais pas non plus de problème moral particulier avec la spéculation : elle existe depuis la nuit des temps. On peut choisir de l'ignorer envers et contre tout, ou faire avec, en prenant soin de décrire au mieux ses mécanismes afin d'en prédire – voire d'en prévenir par des régulations – les excès.

C'est à cette époque que j'ai reçu un coup de fil de Jean-Michel Lasry. Ce mathématicien de neuf ans mon aîné avait été mon collègue au CEREMADE pendant une dizaine d'années. Il faisait même partie des tout premiers chercheurs recrutés au laboratoire de Dauphine lors de sa fondation en 1971. Il avait la particularité d'avoir suivi un cursus universitaire en économie parallèlement à ses études de mathématiques. À la fin des années 1980, Jean-Michel avait quitté son poste d'enseignant-chercheur pour travailler dans le secteur bancaire.

Au moment de son appel, je n'avais pas eu de nouvelles de lui depuis quelque temps. Il m'a expliqué travailler pour la Caisse des dépôts et consignations, la banque publique qui gère les actifs et les investissements de l'État. Il y occupait un poste important qui l'obligeait à réfléchir aux marchés financiers en général et aux options en particulier.

Comme je l'ai dit plus haut, les travaux mathématiques en finance ne me passionnaient guère même si nombre d'entre eux se servaient abondamment de ma théorie des solutions de viscosité. Jean-Michel, fort intelligemment, ne m'a pas proposé de réfléchir à ces sujets-là. Il m'a au contraire proposé de l'aider à trouver de nouvelles voies à explorer avec des outils dont il avait une vague idée.

J'ai accepté de le rencontrer pour en savoir plus. Il avait su prononcer la phrase magique : « J'aimerais que tu réfléchisses à une idée à laquelle tu n'as jamais réfléchi. » Je n'ai jamais su résister à ce genre de proposition, il le sait très bien.

Prenons l'exemple d'un dé éventuellement pipé. Comment savoir quel est son biais ? En le lançant des milliers de fois.

La fréquence moyenne des résultats obtenus va permettre de démasquer la face pipée. Cette méthode de calcul statistique porte un nom : la méthode de Monte-Carlo. Un surnom qui fait bien sûr référence à l'activité bien connue du Rocher.

Lors de notre rendez-vous à la Caisse des dépôts, c'est à l'amélioration de cette méthode de Monte-Carlo que Jean-Michel me proposait de réfléchir. Le problème soulevé revenait à comprendre les biais de nombreux dés comportant des milliers de faces différentes les unes des autres et qui sont pipés de différentes façons sans faire un nombre astronomique de lancers. À l'instar des solutions de viscosité, le jeu consistait *in fine* à faire le tri entre les biais significatifs et ceux à l'influence plus négligeable. Appliquée à la finance, cette méthode devait servir à mieux comprendre les *biais* auxquels sont soumis les acteurs financiers, leur influence réelle, et donc à mieux représenter les fluctuations. Au bout, nous parviendrions à déterminer le prix juste et le bon volume d'actions à acquérir ou à vendre dans le cadre de la souscription d'une option.

J'avais l'intuition que la clé du problème était à ma portée, mais je ne savais pas encore où elle se trouvait. J'adore ces moments – nombreux dans ma carrière – où je vois assez clairement l'issue du labyrinthe mais j'ignore par quel chemin l'atteindre. Mon intuition du moment reposait sur un vieux souvenir que ma discussion avec Jean-Michel avait exhumé de je ne sais où. Il s'agissait d'une conférence à laquelle j'avais assisté dix ans plus tôt et qui portait sur le calcul de Malliavin, du nom d'un mathématicien français porté sur la recherche fondamentale abstraite et alors très âgé. La technique audacieuse de calcul de probabilités qui porte son nom, inspirée de la géométrie, était particulièrement délicate et obscure

– pour ne pas dire incompréhensible – même pour des matheux chevronnés à qui il avait fallu une dizaine d'années pour se rendre compte du potentiel considérable de cette théorie. Elle n'avait par ailleurs aucun rapport direct avec le sujet qui nous occupait, Jean-Michel et moi.

Pourtant, quelque chose m'a poussé à ressusciter l'anecdote de cet exposé et son contenu, et à la partager avec mon collègue et néanmoins ami, comme si j'y percevais un lien avec notre sujet mais sans parvenir à la définir.

– Je pense que la solution à notre problème se trouve dans le calcul de Malliavin, ai-je suggéré. Le seul souci, c'est que je n'ai aucune idée de ce qu'est le calcul de Malliavin.

– Voilà ! Moi aussi je ne sais ni pourquoi, ni comment, mais tu as raison, la solution est là ! a tout de suite rebondi Jean-Michel avec enthousiasme.

Voilà de quoi bousculer encore une idée reçue : le monde des mathématiciens n'est pas gouverné par le règne sans partage des raisonnements logiques et rationnels !

J'ai passé les jours suivants à vérifier que le lièvre que nous pensions avoir soulevé n'était pas pur produit de notre imagination. Il ne l'était pas. Une fois notre hypothèse de travail confirmée, nous avons construit notre théorie, qui consistait donc à moderniser la méthode de Monte-Carlo avec les outils développés par Malliavin. Après quelques mois d'efforts, le résultat fut publié sous la forme d'un article paru en 1999.

L'intérêt de la communauté mathématique et financière fut immédiat. Nous avons remporté des prix. Malliavin, âgé de 73 ans au moment de la parution de l'article, a eu vent de notre découverte fondée sur sa théorie très abstraite. Il était absolument ravi de constater que nous avions donné un coup de jeune à ses travaux en leur trouvant une utilité concrète en phase avec l'air du temps.

Avant même la publication, Jean-Michel avait quitté la Caisse des dépôts et consignations pour rejoindre BNP Paribas. Il avait intégré l'une des filiales dont le siège était situé à Londres et en était devenu le directeur de la recherche et développement. Jean-Michel a fait régulièrement appel à moi pour des missions de consultant. Nous y avons peaufiné nos modèles. J'y ai surtout découvert la déconnexion de ces géants de la finance avec certaines notions pourtant assez élémentaires en mathématiques appliquées. Ainsi, doit-on toujours avoir à l'esprit qu'un modèle mathématique a ses limites et qu'il est indispensable de tenter de les cerner.

Nous n'étions pas nombreux à réfléchir à ces limites liées au manque de liquidités, à la croissance des corrélations ou à la profondeur limitée des marchés. L'euphorie des marchés, l'appât du gain facile et les comportements moutonniers n'engagent guère à prendre du recul. Je me souviens de l'étonnement – le mot est faible – d'un certain nombre de dirigeants de fonds financiers quand je leur ai annoncé, au cours d'une présentation réalisée à leur demande quelques années avant la crise financière, qu'« on allait dans le mur ».

Prenez la profondeur des marchés. J'achète une option pour laquelle je m'engage à acheter une action à 100 euros, admettons, dans un an. Rien que de très banal. Les modèles mathématiques fonctionnent et permettent de prédire le coût de l'opération. Maintenant, imaginons que je m'engage par cette même option à acheter un million d'actions. Cette opération suffit à influencer le marché, car mon initiative est un événement en soi qui peut créer un regain d'intérêt autour de l'action et donc augmenter son prix. Le coût de l'opération ne peut donc pas être simplement un million de fois le coût précédent. Or les modèles mathématiques linéaires en vigueur dans la plupart des banques ne prenaient pas en compte ce genre de conséquences.

Jean-Michel, puis son successeur Marek Musiela, et moi avons travaillé à améliorer et affiner les modèles existants pour le compte du géant français. Avec un résultat certain. Lors de la grande crise de 2008, BNP Paribas fut l'une des banques européennes qui ont le mieux résisté au cataclysme. J'ai la faiblesse de penser que le travail de Jean-Michel et de Marek – auquel j'ai périodiquement contribué – y est pour quelque chose. J'ai aussi participé à quelques colloques académiques sur la finance mathématique, mais honnêtement, je m'y ennuyais plus qu'autre chose.

Les mauvais esprits pourraient considérer que pour un homme peu intéressé par l'argent, j'ai quand même mis plus d'une fois mes neurones au service de grands argentiers. C'est entendu. Face à la haute finance et à ses dérives, il y a deux attitudes possibles : le rejet total qui passe par une volonté de mettre fin au système y compris par des moyens coercitifs ; ou celle, plus pragmatique, qui constate que la spéculation est vieille comme l'humanité et qu'au lieu d'espérer la stopper net, on peut tenter de la rendre plus raisonnable et raisonnée. C'est, à mon très modeste niveau, ce que j'ai tenté d'effectuer notamment en faisant un « post-mortem » de la crise financière du point de vue des modèles mathématiques et en proposant des formations plus complètes pour les ingénieurs financiers.

La curiosité a toujours été le principal moteur de mes travaux de recherche. En finance mathématique aussi. Mais certainement pas l'attrait de l'argent. Jean-Michel et moi aurions sans doute pu vendre nos travaux sur le sujet à prix d'or. Mais si lui comme moi avons fait en sorte de vivre confortablement, nous n'aimions pas assez l'argent pour chercher à tout prix à tirer le maximum de bénéfices sonnants et trébuchants de nos découvertes.

Nous avons eu des contacts avec Citibank qui souhaitait exploiter pour son compte nos recherches sur la méthode de Monte-Carlo. Mais les contraintes étaient nombreuses et faire aboutir les négociations auraient nécessité que nous nous bagarrions. Or nous n'avions aucune envie de nous battre.

J'aurais aussi peut-être pu, comme l'a fait le mathématicien américain James Simons, créer un fonds d'investissement fondé sur nos modèles et nos idées. Je ne sais pas si j'aurais connu le même succès financier que lui, mais je suis certain d'une chose : je me serais terriblement ennuyé.

16
OPTIMISME DURABLE

J'ai toujours été un incorrigible optimiste. Sur ce point non plus on ne me refera pas. Je ne suis pas naïf pour autant. Un passionné de l'actualité comme moi sait bien que l'état du monde n'incite guère à l'enthousiasme béat. Mais je refuse de sombrer à la mode facile du déclinisme ambiant.

Cet optimisme est un trait général de ma personnalité, mais il vient sans doute aussi de mon tropisme scientifique. Je crois au progrès technique et à sa capacité à résoudre les défis posés par l'avenir. Si elle peut être manipulée par des esprits malveillants, la science ne porte pas en elle d'idéologie. Elle n'a pas d'agenda politique. Mais les scientifiques doivent réfléchir à son utilisation et se poser constamment la question de l'éthique à propos de leurs travaux.

Cette conviction n'est pas étrangère au deuxième grand sujet qui va m'occuper au début des années 2000. L'idée est venue de Jean-Michel Lasry. Elle consistait à créer une chaire de recherche en finance et développement durable (FDD) associant des chercheurs du monde entier. L'époque voyait les premiers signaux d'alarme sur le réchauffement climatique et l'épuisement des ressources mais, dans le débat public naissant comme dans les discours de la majorité de la classe politique, la finance et le développement durable étaient deux notions diamétralement opposées poursuivant des objectifs irréconciliables. Dans ce contexte, le projet était pour le moins saugrenu.

Jean-Michel et moi pensions, au contraire, qu'il y avait là matière à construire des ponts car, d'une part, le développement durable devait se servir d'outils financiers et économiques et, d'autre part, la finance ne pouvait avoir de sens à long terme qu'en prenant en compte le développement durable. Quand les « experts » médiatiques aux relents catastrophistes s'inquiétaient de la raréfaction des sources d'énergie, nous voulions prendre le problème à l'envers : l'énergie – fossile, solaire, hydraulique... – est partout disponible et, en vérité, inépuisable ou presque. À nos yeux, la bonne question était plutôt : quelle énergie à quel coût et pour quel bilan environnemental ? Une approche à la fois pragmatique et à contre-courant, du moins à l'époque.

J'ai déjà eu l'occasion de dire l'importance des rencontres dans mon parcours professionnel, mais je crois que celle de Jean-Michel Lasry, un bon vivant à l'œil pétillant, est la plus importante du point de vue scientifique. En nous côtoyant à Dauphine, nous nous sommes découvert des affinités intellectuelles, en plus du point commun d'être tous deux normaliens. Exposez-nous un problème à résoudre à la manière d'une histoire à compléter et vous verrez chez lui comme chez moi cette même excitation à y réfléchir puis à y apporter une solution.

Mais ce sont surtout nos différences et notre complémentarité qui nous ont rapprochés. Face à une problématique qui lui est soumise, Jean-Michel est un geyser à idées, de qualités inégales, certes, mais quelle profusion ! Face à ce foisonnement de pistes à explorer, je tends l'oreille, je laisse mon cerveau effectuer le tri, et j'attrape au vol une idée qui accroche mon imagination et me semble mériter d'être creusée. Jean-Michel produit des tonnes de minerai brut, à moi d'y déceler le joyau caché. Notre duo fonctionne le plus souvent ainsi et ça fait quarante ans que ça dure.

Nous avons imaginé un montage administratif simple mais original pour l'époque. La chaire devait prendre la forme d'un réseau de chercheurs rattaché à l'université Dauphine et à l'Institut Louis-Bachelier (dont je suis le directeur scientifique) mais financé par le secteur privé. Un partenariat public-privé assez novateur et surtout une chaire sans titulaire, mais dotée d'un conseil scientifique chargé de la stratégie scientifique. Le nom des premiers mécènes et partenaires à contacter nous est apparu évident : EDF, principal acteur du secteur énergétique en France, et le Crédit Agricole, la banque des territoires, qui a eu tôt l'ambition de devenir la première banque verte française. Ils ont tous deux donné leur accord, avec enthousiasme.

Nous disposions d'un budget annuel de 300 000 euros. Une fois le montage administratif et financier terminé, nous nous sommes lancés un peu dans le vide. Notre première certitude était de vouloir nous attaquer à des sujets mathématiques et scientifiques au sens large avec un biais environnemental. La seconde était d'avoir une approche quantitative pour sortir des habituelles incantations et pouvoir chiffrer de manière sérieuse chaque idée intéressante qui viendrait à émerger. La troisième était de rallier des spécialistes de différentes disciplines sans discrimination : mathématiciens, financiers, économistes, toutes les compétences étaient bonnes à prendre.

Nous avons organisé un premier colloque pour déterminer les sujets de recherche à développer en priorité. Les premiers mois, ce vœu fut vain : nous avons agrégé autour de nous des chercheurs aux préoccupations très diverses. Les sujets allaient de l'évaluation de la pertinence de la taxe carbone à l'état des ressources naturelles de poissons dans les eaux canadiennes. Petit à petit, des axes prioritaires se sont dégagés, prenant en compte les compétences spécifiques des chercheurs associés. Les marchés de l'énergie nous paraissaient naturellement un fil intéressant à tirer. Et un autre axe prioritaire s'est imposé : celui des taux écologiques porté par Roger Guesnerie, professeur d'économie au Collège de France.

Cette notion avait été introduite par des économistes comme Guesnerie donc et un économiste anglais, Nicholas Stern, auteur d'un rapport célèbre sur les effets du réchauffement climatique qui porte son nom. La question qu'il soulevait pouvait se résumer ainsi : quel taux d'intérêt appliquer pour un investissement dans un projet environnemental ? L'enjeu était double. D'abord, inciter l'organisme prêteur – dont la motivation est financière – à accorder le prêt, ce qui excluait la solution facile mais contre-productive d'un taux à 0 %. Et dans le même temps, contenir ce taux pour favoriser l'investissement, en tenant compte des spécificités d'un bien collectif à vocation durable, dont la valeur se déprécie peu avec le temps, contrairement à une voiture ou un ordinateur. Placer le curseur au bon endroit nécessitait d'avoir recours à des modèles mathématiques complexes. Ce fut l'un des thèmes de recherche centraux du démarrage de la chaire FDD.

Dans les années qui ont suivi, la chaire est montée en puissance, comptant jusqu'à une centaine de chercheurs associés.

Les sujets d'étude se sont diversifiés. Les thèmes concrets abordés par l'équipe ont bien sûr nécessité de développer des outils mathématiques, voire d'en créer de nouveaux, comme les jeux à champ moyen (MFG pour *mean field games*). J'y reviendrai.

Ayant effleuré ci-dessus les questions d'énergie, j'aimerais apporter ma modeste contribution à des débats qui (enfin !) intéressent les citoyens. Contrairement à une idée reçue, la production de pétrole et de gaz, par exemple, ne nous est pas apparue comme un sujet de préoccupation majeur, tout du moins en matière de réserves disponibles. De manière un peu provocante, on peut même imaginer que l'or noir soit une ressource quasi illimitée dès lors que les moyens financiers mis en œuvre pour trouver et exploiter les gisements ne sont pas comptés. Toujours est-il qu'en matière de développement durable et de préservation de l'environnement, le pétrole ne représente pas une ressource d'avenir, j'en suis bien sûr conscient.

Le gaz de schiste a connu une gloire rapide mais éphémère sauf dans les pays comme les États-Unis, peu respectueux de l'environnement. Des voix se sont élevées pour dénoncer le bilan écologique catastrophique de son exploitation. Le gaz est libéré en faisant exploser des roches et nécessite l'adjonction de liquides industriels qui polluent les sous-sols et les eaux souterraines des sites de production. A-t-on fait des études géologiques pour identifier des types de sous-sols susceptibles de mieux résister ? A-t-on cherché un moyen de dépolluer les eaux souterraines contaminées ? Il existe en France un vrai savoir-faire en matière dépollution de l'eau. Pourtant, il est impossible de répondre à ces questions : la recherche sur le gaz de schiste est interdite au motif qu'elle serait biaisée par les intérêts des grandes multinationales. Quel terrible aveu d'échec que d'interdire de réfléchir ! Avant même d'être correctement exploité et creusé, le filon s'est donc aussitôt refermé. Le gaz de schiste c'est sale, ce sera toujours sale et rien ne pourra jamais être envisagé pour y remédier.

Dans la liste des énergies non renouvelables, le nucléaire fait plus que jamais débat. Je le dis sans aucun problème : je suis un partisan du nucléaire civil. Bien entendu, le principal problème écologique causé par sa production est celui du traitement des déchets, je le sais. Il se trouve que j'ai travaillé sur cette question sensible, à l'occasion d'un rapport que j'ai rédigé sur l'aval du cycle de vie d'un minerai. Ma conclusion était la suivante : nous manquions cruellement de recherche à haut niveau sur ce sujet. Depuis une vingtaine d'années, la situation a changé, des progrès considérables ont été faits sur les conditions de stockage de ces déchets. Et je suis optimiste quant à l'amélioration constante de nos connaissances sur ce sujet.

Le nucléaire conduit bien sûr à la question de l'utilisation de l'électricité. On ne dit pas assez que la consommation d'électricité liée au numérique (c'est-à-dire nos ordinateurs, tablettes, smartphones...) est en train d'exploser. Certaines études indiquent que *toute* la production électrique pourrait être engloutie par le numérique dans un avenir pas si lointain. Là aussi, nous devons être plus économes en électricité, même si ce n'est pas si facile et j'avoue d'ailleurs n'être guère vertueux en ce domaine. De manière générale, le matheux que je suis se sent mal à l'aise quand les questions ne sont pas traitées à fond, sous tous les angles possibles. Prenons l'exemple du véhicule électrique. Aujourd'hui, il me semble que ce n'est pas une voiture *verte*, si l'on fait un bilan global incluant l'origine de l'électricité utilisée (majoritairement nucléaire en France, pire dans d'autres pays européens…), la quantité d'énergie nécessaire à la fabrication ou encore la pollution créée par les batteries usagées. Ce bilan global va s'améliorer grâce, par exemple, au recyclage des batteries. Aller vers la voiture électrique est une décision politique, au sens noble du terme, mais elle nécessite de corriger sensiblement son bilan environnemental et d'expliquer clairement la situation aux citoyens qui sont parfaitement à même de comprendre.

Nous nous sommes aussi penchés sur les ressources en phosphates dont le sort est nettement moins médiatisé. Les phosphates se trouvent dans la nature, concentrés dans les roches, disséminés dans l'eau, dans la terre ou dans le corps des êtres vivants. Les réserves sont loin d'être illimitées. Certaines simulations prédisent un épuisement des ressources dans cent cinquante ans environ. Des études montrent que l'agriculture n'a pas besoin de tels produits, et que des techniques agricoles *propres* suffiront à nourrir l'humanité. Peut-être. Mais si les excédents peuvent contribuer à nourrir l'humanité, se pose le problème de leur transport et de ses conséquences sur le climat, sans même parler des coûts de production. Quoi qu'il en soit, la molécule de phosphore est indispensable et elle n'est pas toujours présente dans les sous-sols. Dès lors, l'ajout de phosphates semble difficile à contourner et il faut donc aborder la question : quel type de phosphates pour quelles zones ? Plus généralement, comme nombre de citoyens, je suis partisan de l'agriculture biologique mais voir acheminer des produits sur de grandes distances me désole et je suis plus partisan d'une agriculture raisonnée avec des circuits courts. J'avoue mon incompétence, mais j'ai le droit de poser la question. Je note aussi que les défenseurs du « sans phosphates » parlent plus souvent de nos pays riches que des lointaines contrées touchées par la désertification ou par la multiplication de catastrophes naturelles liées au dérèglement climatique. Quoi qu'il en soit, le principe d'économie devrait s'appliquer en utilisant le moins possible de phosphates, même naturels, et en accentuant les recherches sur une utilisation *concentrée* desdits phosphates.

Heureusement, il existe des sources d'énergie renouvelable. Le vent, par exemple. Vaste sujet. La technologie n'est peut-être pas aussi au point qu'on le dit. Je relève par exemple qu'il est impossible d'obtenir une information précise sur l'écart entre le rendement théorique et le rendement effectif des éoliennes : certains parlent d'un écart faible, d'autres avancent le chiffre de 30 %. Ce qui semble avéré est leur faible productivité, le caractère intermittent de leur production et le coût considérable de leur maintenance. Rappelons que la substitution de l'électricité nucléaire par des énergies intermittentes a pour conséquence la production complémentaire d'électricité par le gaz (ou pire). On parle souvent des paysages défigurés par les champs d'éoliennes et j'avoue être sensible à cet argument, sauf à considérer que le cadre de vie doit être exclu de la liste de nos biens communs. Mais un aspect délétère des éoliennes est moins connu. Celui des dégâts sur les sous-sols, la faune et la flore. Les oscillations causées par le fonctionnement des éoliennes créent en effet des vibrations qui peuvent ébranler les sous-sols. Sur les installations *offshore*, les pêcheurs sont préoccupés des conséquences sur les poissons, notamment à cause de la pollution induite par la structure elle-même, mais il est difficile d'en savoir plus.

Au nord-est du Brésil, j'ai en revanche constaté de mes yeux cet effet néfaste sur la terre ferme. La région côtière est composée de vastes dunes humides parsemées de lacs et sillonnées de rivières. C'est somptueux. C'est aussi venteux. Des kilomètres d'éoliennes ont donc été plantés dans cette zone il y a quelques années. Aujourd'hui, les dunes sèchent. À la base des éoliennes coulent de petits ruisseaux. On m'a expliqué que les vibrations ont créé des brèches souterraines dans lesquelles l'eau s'est peu à peu engouffrée. Toujours la même conclusion du mathématicien : oui, bien sûr, à l'éolien, mais sans occulter les problèmes et toujours faire des recherches !

Une énergie renouvelable semble emporter l'approbation générale : l'énergie solaire. Je suis convaincu de son importance. Mais, là encore, j'aimerais disposer d'études sur le bilan global : fabrication des panneaux, recyclage des matériaux, utilisation des sols… Il s'agit là d'une simple demande de citoyen ! Mes collègues chimistes me parlent de progrès considérables dans les cellules utilisées et je ne doute pas des améliorations à venir. En revanche, ne pas dépendre exclusivement de l'industrie chinoise pour la fabrication des panneaux (entre autres) serait peut-être souhaitable.

Bien sûr, les économies d'énergie sont indispensables, mais à quel niveau, à quel horizon et à quel coût ? Évidemment, il faut développer les énergies renouvelables et intensifier nos efforts d'économie d'énergie, mais cela n'empêche pas de considérer l'ensemble du problème avec lucidité et d'en informer les citoyens.

La raréfaction et la diversification des ressources en énergie me préoccupent. Mais les perspectives prédites par le réchauffement climatique, elles, me terrorisent. Je ne suis pas climatologue. Mon regard sur ce sujet est celui d'un citoyen qui dispose d'un bagage scientifique solide. C'est pourquoi je me dois de partager une conviction : non, l'origine anthropique – humaine dirait-on plus simplement – du réchauffement climatique n'est pas prouvée scientifiquement de manière indiscutable. Oui, le faisceau d'indices allant dans ce sens est énorme. Et, à mes yeux, plus que suffisant pour que l'on prenne cette hypothèse au sérieux. Il faut agir pour enrayer ce phénomène, et le plus vite possible.

Je me suis penché sur les modèles qui prédisent les hausses de température à venir. En la matière, une prédiction réalisée par deux Français prévoit sept degrés de plus à la fin du siècle. J'ignore la méthode utilisée, mais j'ai constaté que les études qui évoquent une hausse de la température moyenne d'environ deux degrés (pour simplifier) utilisent des modèles connus et éprouvés. C'est donc à mes yeux, le scénario le plus crédible et il n'a rien de rassurant.

Ces modèles sont-ils infaillibles pour autant ? Non, et pour cause : l'expérience qui permettrait de les valider n'est pas réalisable. Mais les progrès en matière de modélisation climatologique sont indiscutables. Je parle ici en connaissance de cause : les scientifiques qui les conçoivent utilisent, pour beaucoup, des équations mathématiques de mécanique des fluides et des modèles mathématiques dont je suis familier. En tout cas, ces modèles prévisionnels, ceux que l'on retrouve par exemple dans les rapports du GIEC, ont beau être imparfaits ou imprécis, ils constituent malgré tout ce qui se fait de mieux à l'heure actuelle. Prenons-les au sérieux.

Davantage que les prédictions de hausse des températures et le débat scientifique qui les accompagne, un aspect peut-être plus prosaïque et souvent ignoré me rend particulièrement inquiet : les oscillations locales de température ou de vitesse du vent. Inutile de se projeter dans le futur, le constat est déjà là. On observe localement de grandes disparités de températures sur des périodes très courtes. C'est un signe très alarmant. Je vais prendre un exemple caricatural. Imaginez une zone où la température augmente de deux degrés en moyenne mais que pour une même période, cette hausse moyenne prenne la forme suivante : dix degrés d'augmentation un jour, six degrés de baisse le lendemain. En moyenne, cela fait deux degrés de hausse. Mais les conséquences sont très différentes notamment pour les êtres vivants. Le catalogue des catastrophes que de tels phénomènes peuvent engendrer – inondations, sécheresses brutales, extinction d'espèces endémiques… – a de quoi faire frémir. On manque encore de données et de recul historique pour affirmer que ces variations s'amplifient mais, une fois encore, les indices sont nombreux, et devraient suffire à nous alerter.

Pourtant je ne me range pas du côté des pessimistes. Les collapsologues n'auront jamais ma voix. Peut-être suis-je un grand naïf, mais je n'imagine pas, même dans les pires scénarios, une disparition proche de l'humanité, causée par notre négligence et notre indifférence. En revanche, je redoute fortement une augmentation et une aggravation des catastrophes naturelles à grande échelle et dans des zones jusqu'ici préservées. Des régions qui disparaissent sous les eaux, des populations rayées de la carte, des guerres locales pour l'accès à l'eau, sans même parler de maladies nouvelles ayant pour vecteurs des virus par exemple… Tous ces scénarios me paraissent plausibles. Il va de soi que si nous vivions, nous Français, dans des zones déjà impactées par la crise climatique en cours – une île au littoral submergé, une zone désertique en plein Sahara –, nous serions depuis longtemps sortis des seules incantations.

L'espoir que je porte de voir ces scénarios apocalyptiques déjoués ne repose pas sur une théorie mathématique vérifiée et validée, mais sur une considération beaucoup moins scientifique : une confiance profonde en notre jeunesse. Nous le voyons tous les jours et de plus en plus : beaucoup de jeunes se mobilisent, se réunissent, manifestent, s'organisent, engueulent leurs parents. J'y vois la raison la plus définitive de se montrer optimiste. Car au-delà des débats scientifiques parfois stériles et des querelles de clocher, les jeunes ont compris la seule vérité que personne ne se risquerait à discuter : nous leur laissons un monde en très mauvais état, qu'ils vont devoir tenter de réparer. Bien sûr, cette confiance dans les générations futures ne doit pas nous empêcher de nous y mettre tout de suite !

À propos de tous les sujets liés à l'environnement, je me sens en permanence frustré de ne pouvoir accéder à une vision globale. Sur chaque question, il me semble qu'un aspect du problème est absent, en tout cas du débat public, voire dans les rapports que j'ai eu l'occasion de parcourir. Je ne suis expert sur aucun des thèmes que j'ai évoqués et je ne peux que les effleurer. Mais en tant que citoyen pathologiquement curieux, j'appelle de mes vœux que l'on rende accessible l'ensemble des synthèses, dans leur intégralité, sans omettre telle ou telle partie du problème. Je réfute avec véhémence l'idée que ces sujets sont trop *techniques* pour être partagés avec tous. Le savoir ne peut être que collectif et collaboratif, en aucun cas l'apanage de quelques-uns. Trop souvent, les détenteurs du pouvoir parlent et agissent comme s'ils détenaient en plus le savoir, alors que… Une telle attitude met en danger la démocratie, sans même parler de l'exaspération légitime provoquée par le discours « si vous n'êtes pas d'accord, c'est que vous n'avez pas compris ». Chacun est parfaitement capable de comprendre (même les maths au lycée !).

17
PLACE DE L'ÉTOILE

Les travaux de la chaire FDD ont apporté, me semble-t-il, des avancées notables et concrètes au débat sur la meilleure façon de réconcilier finances et protection de l'environnement. Parmi celles-ci, l'émergence dans le débat public de la notion de « notation verte ». L'idée est assez simple : en fonction des investissements qu'ils consentent à financer, les établissements bancaires se voient attribuer une note. Une telle initiative devrait permettre d'encourager les bonnes pratiques. Encore faut-il mettre en place un processus de notation qui ait du sens et qui soit fiable. C'est ce qui a été fait par une équipe de FDD et j'espère qu'elle servira de base et de modèle à une notation sérieuse pouvant être adoptée au niveau international. C'est un petit exemple des très nombreux thèmes de recherche de ce que l'on appelle la « finance verte ». La recherche française a les moyens de devenir le leader mondial de la finance verte, comme l'a expliqué un collectif de scientifiques (dont je faisais partie) pour la plupart économistes, dans une tribune publiée par *Le monde* au cours de l'été 2019*.

---

* COLLECTIF, « Face à l'urgence climatique, les scientifiques doivent réduire leur impact sur l'environnement », *Le monde*, 19 mars 2019.

Sur un plan plus personnel, je dois surtout à FDD l'émergence d'un sujet de recherche qui m'a amené à développer – au côté de Jean-Michel Lasry bien sûr – un thème nouveau, aussi bien du point de vue des mathématiques que des applications : la théorie des jeux à champ moyen.

Ce nouveau terrain de jeu – c'est le cas de le dire – trouve sa source dans un constat général que nous avons formulé une fois confrontés aux thématiques FDD. En effet, qui dit développement durable dit horizon lointain et multiplicité des acteurs. Les approches quantitatives classiques en économie reposent sur la prise en compte d'un unique agent, prenant donc seul ses décisions de manière rationnelle, c'est-à-dire optimale. Les externalités, c'est-à-dire les effets induits par les autres agents, ne sont pas pris en compte. Dans un cadre comme celui du développement durable, on ne peut ignorer les autres joueurs. En fait, nombreuses sont les situations où la prise en compte de telles externalités est nécessaire. Les autres acteurs peuvent influer sur nos décisions parce qu'ils contribuent à créer notre environnement, ou simplement par effet de mimétisme. Cet effet est très simple à comprendre. Imaginez un citoyen concerné par l'avenir de la planète et qui décide d'acheter une voiture électrique. L'approche quantitative classique va se concentrer sur des données chiffrées, de type coût/avantage, pour analyser les raisons de ce choix. À quel prix notre citoyen a-t-il jugé cet investissement pertinent ? À partir de quelle autonomie de batterie ? A-t-il été influencé par telle aide gouvernementale ? Par le prix en hausse du carburant ? Toutes ces informations sont utiles et éclairantes. Mais cette approche quantitative apparaît insuffisante, surtout à l'heure où les choix peuvent aussi être motivés par des préoccupations environnementales.

Un facteur déterminant échappe à cette méthodologie : le choix des autres autour de soi. Quand on y réfléchit bien, notre acheteur de voiture électrique n'a pas uniquement été guidé par un choix rationnel fondé sur des données quantitatives. Il a aussi probablement été séduit par la voiture électrique parce que d'autres se sont laissé séduire avant lui. Il en a vu arrêtées au feu rouge ou stationnées dans sa rue. Peut-être qu'un voisin, son beau-frère, un collègue de bureau a déjà sauté le pas. Sans même s'en apercevoir, il a pu être influencé par une tendance générale du grand public vers les voitures électriques. Ce qui lui paraissait un investissement singulier et technologiquement risqué cinq ans plus tôt lui semble désormais relativement banal.

Mais cet effet de groupe ne s'arrête pas là. En acquérant son véhicule, notre citoyen éco-responsable va lui-même renforcer la popularité grandissante des voitures électriques à sa petite échelle et convaincre peut-être d'autres personnes de son entourage de l'imiter. Il est donc à la fois objet et acteur d'un mouvement général qu'il contribue à alimenter. Ce comportement d'imitation devient en soi rationnel.

En économie, ce phénomène est bien connu. Cet effet agit sur l'ensemble de l'environnement économique et entraîne des conséquences parfois inattendues. Il est observé dans la plupart des transitions technologiques et entraîne une accélération de la transition.

Du point de vue des mathématiques, prédire des comportements d'acteurs économiques revient à poser un problème de contrôle optimal (encore) si l'on peut se restreindre à un seul acteur. Mais en général, il faut également faire appel à un autre champ de recherche familier des matheux et d'une partie du grand public : la théorie des jeux.

Née au milieu du XIXe siècle mais popularisée par les travaux de von Neumann au milieu des années 1940, puis par un autre Américain, John Forbes Nash, au début des années 1950, la théorie des jeux cherche à modéliser de manière mathématique les décisions prises par des personnes physiques (les joueurs) soumises à un ensemble de choix limités (le jeu) dont l'issue (gain ou perte) dépend des décisions prises par l'ensemble des participants au jeu.

L'exemple classique pour comprendre la théorie des jeux est le dilemme du prisonnier. La situation est la suivante. Deux suspects d'un même braquage sont arrêtés par la police et interrogés séparément. S'ils avouent tous les deux leur forfait, chacun écope d'un mois de prison. S'ils choisissent de garder le silence, chacun est condamné à cinq ans de détention. Une troisième option existe : celle où l'un des suspects dénonce son complice alors que celui-ci choisit de garder le silence. Dans ce cas de figure, le premier ressort libre de garde à vue, tandis que le second se voit infliger dix ans de prison. Le mathématicien américain à l'origine de ce dilemme, Albert Tucker, conclut que le meilleur choix objectif serait pour nos deux suspects de coopérer et donc d'avouer leur implication. Mais en l'absence de communication, le plus probable est qu'ils décident de se trahir l'un l'autre dans l'espoir de ressortir libres. Ce qui aboutira, sans qu'ils le sachent, au pire des scénarios pour chacun d'eux.

La théorie des jeux navigue donc à la frontière des mathématiques et des analyses comportementales. C'est pour cette raison qu'elle a rapidement été plébiscitée par les économistes, qui cherchent à anticiper les comportements d'acteurs du marché (consommateurs, salariés, chefs d'entreprise...) soumis à des décisions (acheter, vendre, investir...) qui influent sur le marché lui-même. Parce qu'elle est particulièrement complexe et délicate à manier sur le plan mathématique, la théorie n'a longtemps pu s'intéresser qu'à des cas où un nombre limité de joueurs étaient à l'œuvre : deux, trois, cinq, une dizaine au plus. Au-delà, le spectre des possibilités devenait trop large, et rendait les interactions et leurs issues trop difficiles à modéliser de manière précise.

Le développement durable nous est apparu, à Jean-Michel comme à moi, comme un domaine très intéressant d'application de la théorie des jeux. Plus qu'ailleurs, les choix que nous faisons en la matière se fondent sur les choix des autres autant qu'ils les impactent. Prenons l'exemple du véhicule électrique : si le pays tout entier roule au diesel, à quoi bon acheter un véhicule électrique plus onéreux et dont l'effet sur l'environnement sera insignifiant ? Mais dès lors qu'un nombre suffisant d'automobilistes est conquis, le raisonnement s'inverse : diminuer les coûts et contribuer à l'effort général rend le choix de passer à l'électrique signifiant.

Le défi mathématique réside ici dans le nombre de joueurs concernés par de tels choix de société, qui dépasse de loin la dizaine, seuil au-delà duquel les modèles classiques de la théorie des jeux ne fonctionnent plus. Et pour cause : avec dix mille ou cent mille joueurs, impossible de prendre en compte individuellement les décisions de chacun des participants et leurs conséquences sur tous les autres. Il fallait trouver une voie nouvelle. Inventer une manière de simplifier la description pour y déceler une cohérence souvent présente dans la réalité. Trouver une méthode qui permettrait de relier tous ces petits points en un dessin représentatif d'une tendance, certes approchée, mais suffisamment significative pour en tirer des enseignements utiles.

Jean-Michel et moi avons commencé à réfléchir pour apporter une réponse à ce problème. L'idée qui nous paraissait la plus intéressante consistait à parvenir à établir une sorte de *moyenne* de l'influence que chaque joueur exerce sur les autres en agrégeant les décisions prises par chacun d'eux. Le concept ne vous paraît pas très clair ? Il ne l'était pas davantage dans notre esprit. Jusqu'au jour où Jean-Michel a débarqué dans mon bureau de Dauphine comme il le faisait habituellement : sans prévenir et sans frapper. Il avait l'air passablement excité.

– J'ai trouvé ! On va modéliser le trafic automobile autour de la place de l'Étoile ! a-t-il lancé au débotté, comme s'il avait fait sauter le coffre-fort.

Dire que cette intrusion m'a laissé circonspect est un euphémisme. Que vient faire le trafic automobile de la place de l'Étoile dans notre réflexion ? J'ai gardé ce commentaire acide pour moi et, connaissant le bonhomme, je l'ai écouté. Jean-Michel s'est emparé d'une craie et s'est approché du tableau de mon bureau. Puis il s'est mis à écrire des formules remplies d'erreurs de calcul pour aboutir à une équation parfaitement triviale et sans aucun rapport avec la situation qui nous occupait. Devant mon expression, disons dubitative, Jean-Michel a insisté.

– Regarde : ça veut dire que le trafic s'organise en cercles !

Peu convaincu par sa modélisation de la place de l'Étoile, je sentais néanmoins que mon camarade avait mis le doigt sur quelque chose d'intéressant en évoquant cette histoire de trafic automobile. Si son ébauche de calcul n'avait aucun sens, l'idée générale que suggérait cette analogie me semblait avoir du potentiel.

La place de l'Étoile est un bon exemple de ce que vivent les automobilistes parisiens. À l'inverse d'un carrefour à sens giratoire, les véhicules s'engageant sur l'anneau sont prioritaires sur ceux déjà présents. Voilà pour la théorie, en pratique, c'est une sorte de zone d'affrontements. La seule règle qui vaille pour s'en sortir sain et sauf consiste donc à anticiper et à s'adapter, du mieux possible et en temps réel, aux comportements et aux réactions des autres automobilistes. Traduit en langage mathématique, chaque joueur va tenter de faire le meilleur choix possible en fonction d'une analyse générale fondée sur l'ensemble des choix effectués par ceux qui l'entourent.

Mais au-delà de l'exemple que je ne trouvais pas totalement convaincant, je pressentais que les étapes du raisonnement conduisant à l'équation triviale devaient être approfondies. Ce qui paraissait naturel dans l'exemple me semblait pouvoir être analysé mathématiquement et étendu à de multiples situations.

Nous sentions bien que nous tenions quelque chose d'important. Quelque chose dont les applications seraient multiples et très concrètes : toute situation dans laquelle une infinité de protagonistes semblables doivent faire des choix deviendrait modélisable et, donc, prévisible. Mon camarade et moi jubilions, enthousiastes comme nous l'avions rarement été. Nous avons commencé à voir poindre des équations générales, tout en étant conscients que le résultat final prendrait davantage la forme d'une boîte à outils plutôt que d'une série d'équations identifiées et définitives. À partir de cet instant décisif, je savais que le plus matheux du duo – c'est-à-dire moi – devait se mettre au travail pour tirer le fil.

– À toi de jouer ! a confirmé Jean-Michel.

Cette scène s'est déroulée au début des années 2000. Après quoi, il nous a fallu plusieurs années de travail pour décrire et comprendre mathématiquement le lièvre que nous avions levé. À partir de là, j'ai commencé à présenter nos avancées sur le sujet lors de différents colloques. Les réactions qui suivaient étaient le plus souvent sur le mode « je n'ai rien compris à ce qu'il raconte ». Si le raisonnement derrière la théorie des jeux à champ moyen est accessible à tous, l'obstacle mathématique posé était en réalité considérable. Il s'agissait de réunir en une seule théorie des équations issues de la mécanique ou de la physique statistique, et d'autres issues du contrôle optimal. C'est un peu comme si un architecte travaillait à bâtir deux étages d'une maison, où chaque étage pris séparément serait solidement construit, mais qui, une fois empilés l'un sur l'autre, risqueraient de voir tout l'édifice s'effondrer.

Le premier article que Jean-Michel et moi avons publié sur la théorie des jeux à champ moyen est paru en 2006. Le succès fut presque immédiat, et ne s'est jamais tari depuis, bien au contraire. Un colloque consacré aux *mean field games* est organisé quelque part dans le monde environ tous les trois mois. Les articles scientifiques sur le sujet ne se comptent plus, qu'ils soient signés par des mathématiciens, des ingénieurs, des économistes, voire des physiciens. Quant aux applications, elles se sont révélées aussi diverses que nous l'espérions : modélisation des mouvements de foule, du trafic automobile sur une zone donnée, du comportement des internautes sur les réseaux sociaux, de la consommation et de la production d'une ressource épuisable ou partiellement renouvelable, de la fluctuation d'une valeur boursière sur un marché financier… Il ne se passe pas une semaine sans qu'une nouvelle idée d'application n'apparaisse. Dès qu'un grand nombre de personnes sont amenées à interagir entre elles, les MFG apportent des éléments de réponse sur l'attitude *moyenne* qu'ils vont adopter les uns par rapport aux autres et, ce faisant, décrire une tendance globale.

Les applications se multipliant, il devenait nécessaire de disposer d'un outil adapté pour l'exploitation de notre trouvaille. Nous avons monté une start-up, MFG Labs, en 2009. Nos premiers clients, dont le Crédit Agricole et BNP Paribas, étaient intéressés – sans surprise – par les applications financières des MFG. Fort de ces premiers contrats, notre équipe a rapidement grossi, atteignant trente employés après environ deux ans d'activité : informaticiens, mathématiciens, analystes de données, les MFG nécessitaient des compétences variées. En y réfléchissant, nous faisions partie des toutes premières entreprises de « big-data », un mot aujourd'hui fourre-tout mais qui décrit bien le travail de recueil, de manipulation et de mise en perspective de données sur lequel reposent les MFG.

Par sa nouveauté, l'exploration des comportements des internautes sur les réseaux sociaux nous est apparue comme l'un des champs de recherche où nous pouvions rapidement innover de manière approfondie. Un client nous en a offert l'opportunité. La filiale française du géant américain du divertissement Warner est venue taper à notre porte. Elle voulait créer une sorte de club de fidélité baptisé MyWarner qui permette d'accéder à des contenus en exclusivité. La gestion du club fut confiée à nos soins.

Le but était de parvenir à analyser les habitudes et les goûts des fans de la page grâce aux MFG dans le but de leur proposer des contenus gratuits pertinents et exclusifs, avec pour objectif final de les transformer en consommateurs de contenus payants. Pour ce faire, nous disposions d'un certain nombre d'outils – jeux, cadeaux, bandes-annonces de films… – qu'il nous fallait distribuer de la manière la plus efficace possible, en fonction des comportements des abonnés. Le succès fut considérable, avec *in fine* des ventes de contenus multipliées par deux dans le pire des cas, par dix dans le meilleur.

Peu après cette expérience passionnante, Jean-Michel et moi avons vendu MFG Labs au géant français de la communication et du marketing Havas. L'excitation du jeu était passée : nous avions eu une intuition traduite sur le plan théorique avant de la valider en matière d'application.

Les trois mois durant lesquels il a fallu négocier la vente de MFG Labs ont été d'un ennui total, m'obligeant à faire face à des préoccupations financières et logistiques très éloignées du plaisir des mathématiques. J'ai adoré l'aventure que représentait la création et l'animation d'une start-up, mais les contraintes de gestion associées au statut de fondateur d'entreprise ne m'ont guère passionné.

Bien sûr, nous n'avons pas fait l'économie d'un véritable questionnement sur le plan éthique. Le succès de notre travail sur la page de MyWarner n'était-il pas un exemple dérangeant de manipulation des individus ? J'étais et suis toujours convaincu que le sujet de l'analyse et de l'utilisation des données des internautes est un sujet sérieux qui doit être analysé au cas par cas. En 2015, le scandale de Cambridge Analytica, dans lequel Facebook s'est fait épingler pour avoir mis à disposition des données d'utilisateurs à leur insu pour le compte d'une société britannique spécialisée dans l'influence politique, a révélé ce questionnement au grand jour, sans pour autant que l'on puisse considérer le problème comme réglé, même si l'Europe s'est dotée d'une législation qui tente d'y répondre.

De mon point de vue, ce que nous faisions me paraissait éthique car, d'une part, les utilisateurs étaient complètement informés et leurs données ne quittaient pas MyWarner et, d'autre part, de réelles compensations leur étaient offertes (des places de cinéma par exemple). De manière plus générale, les données personnelles ont clairement une vraie valeur économique même si elle est difficile à quantifier. Dès lors, comment peut-on les exploiter sans contrepartie ? À titre d'exemple, l'application de navigation Waze n'offre rien – si ce n'est la jouissance gratuite de son service – aux millions d'automobilistes qui lui permettent de fonctionner et, donc, de faire des bénéfices. À comparer avec ce que Google a déboursé pour l'acquérir ! Facebook, en annonçant l'éventuelle création de sa monnaie virtuelle, la libra, a ouvert une voie intéressante à cet égard puisqu'elle pourrait peut-être servir à rémunérer ses internautes pour les données qu'ils mettent à disposition du réseau social.

Reste que l'idée de départ des MFG reposait sur notre volonté de compréhension des choix économiques s'inscrivant dans une perspective de développement durable. Jean-Michel et moi n'avons jamais oublié cette préoccupation première. Notre outil est à la disposition des pouvoirs publics pour faire des études ou des projections qui prennent en compte le comportement des citoyens face à des problématiques environnementales. Les MFG pourraient par exemple servir à anticiper les effets d'une politique d'aide gouvernementale en vue de l'acquisition d'une pompe à chaleur, d'une installation de panneau photovoltaïque ou d'un véhicule électrique. À ma connaissance, aucun responsable politique en poste n'a émis le souhait de s'en emparer. Je n'ai, en tout cas, jamais été sollicité directement et personnellement en ce sens. Il me semblait pourtant avoir entendu de nombreux discours politiques sur la transition énergétique et la mise en œuvre urgente de toutes les initiatives imaginables pour la faire advenir.

Pire encore, toujours avec l'aide de l'Institut Louis-Bachelier et en collaboration avec différents acteurs économiques locaux, j'ai proposé à l'ANR, l'Agence nationale de la recherche, des travaux sur l'économie des territoires (données puis modélisation des politiques incitatives via les MFG). Refus à peine poli, sans même que l'on sache *a posteriori* qui avait évalué le dossier ! Un peu plus d'un an après, le mouvement des « gilets jaunes » – en tout cas dans sa première phase – me confortait dans l'idée que nous avions pourtant vu juste.

C'est bien connu : à part les maths, les matheux ne comprennent rien…

18
MOMENT « DONNÉES »

Ma carrière de chercheur et mes responsabilités dans divers conseils scientifiques publics ou privés m'ont donné à réfléchir sur le progrès technologique. J'en ai tiré un enseignement intéressant et subtil sur ce que le futur nous réserve, que je partage ici volontiers : je n'en sais rien et personne n'en a la moindre idée.

L'histoire n'a cessé de prouver que les grands bonds technologiques sont imprévisibles par nature. Et quand il s'est trouvé quelqu'un de suffisamment éclairé pour anticiper une avancée significative, le délai imaginé n'était jamais le bon. Prenez le téléphone portable, apparu au début des années 1990 et dont certains grands esprits prédisaient une généralisation éclair avec le phénomène Internet. Il a fallu attendre quinze années supplémentaires et l'avènement des *applications* pour qu'il devienne le produit de consommation de masse qu'il est aujourd'hui.

Nous vivons dans une société où règne un média unique : le numérique. Le texte, les images, les vidéos, tout ce que produit la culture humaine est aujourd'hui converti par nos machines en une séquence de 0 et de 1 capable de transiter par un seul et unique tuyau. C'est un progrès technologique significatif et, une fois n'est pas coutume, un esprit éclairé avait prédit son avènement, ou plus exactement, touché du doigt sa réalité : Ada Lovelace.

Elle est l'une de mes héroïnes. Certains voient en elle la première femme scientifique de l'ère moderne. Elle est avant tout, à mes yeux, l'un des esprits les plus visionnaires de son temps, tous genres confondus. Fille de Lord Byron, poète et humaniste britannique du début du XIXe siècle, elle est considérée comme une pionnière des sciences informatiques pour ses travaux sur la machine analytique de Charles Babbage, un ancêtre primitif de l'ordinateur. Sa thèse universitaire est allée bien au-delà des capacités alors offertes par la machine, développant ce qui apparaît aujourd'hui comme le premier algorithme de programmation de l'histoire de l'humanité. Ce travail théorique s'accompagnait d'une compréhension très fine des possibilités promises par sa trouvaille : tout ce qui est quantifiable peut être traité – calculé – automatiquement par la machine. Cette affirmation n'est rien d'autre que la prédiction de la société numérique dans laquelle nous vivons.

Les progrès technologiques en cours visent pour l'essentiel à augmenter la puissance de calcul des algorithmes, en leur soumettant des données de plus en plus nombreuses et de plus en plus complexes à traiter. À cette quête on associe souvent trois notions : big-data, intelligence artificielle (IA) et deep-learning. Les trois expressions sont utilisées par les médias de manière indifférenciée – à tort – et le plus souvent regroupées sous la bannière « intelligence artificielle » sans davantage de nuances. Beaucoup de start-up se plaisent à alimenter cette confusion, se réclamant de l'IA quand leur technologie n'en présente pas la moindre caractéristique. Loin de moi l'idée de faire le tour du sujet en quelques lignes. Juste quelques observations.

Derrière l'IA se cachent des algorithmes. Le plus médiatisé est le deep-learning mais il existe dans la discipline intitulée machine-learning beaucoup d'autres algorithmes qui, contrairement au deep-learning, sont compris et maîtrisés. Ces algorithmes opèrent sur des quantités de données colossales (big-data). Au passage, signalons que le coût énergétique d'algorithmes de type deep-learning peut être lui aussi considéré comme colossal. Le deep-learning repose sur des machines algorithmiques appelées « réseaux de neurones » par analogie avec le fonctionnement de nos cerveaux. Les succès initiaux des réseaux de neurones, intéressants mais limités, ont été grandement dépassés par l'apparition du deep-learning, qui a pu, grâce aux progrès considérables dans les puissances de calcul, mettre en œuvre des réseaux de neurones d'une taille sans comparaison avec celle des réseaux antérieurs. Pour simplifier, imaginez un réseau de plomberie où les données transitent dans les tuyaux. Avec le deep-learning, on a su gérer de grands réseaux avec un nombre de tuyaux considérablement accru, mais les règles de l'art de la plomberie n'ont pas été changées.

Le deep-learning donne de bons, voire de très bons résultats dans certains cas : les partisans le disent souvent et les sceptiques parfois. Il nous donne des résultats numériques sans expliciter les étapes qui ont permis d'arriver à ces résultats, nous laissant dans un flou scientifique. Pour percer le mystère de ces calculs, il faudrait ouvrir la boîte noire du deep-learning, ce qui constitue, à mes yeux, un enjeu scientifique majeur.

Sans compréhension véritable, nous ne pouvons pas faire totalement confiance en ses prédictions.

Un autre écueil des données créées par des êtres humains est le manque de modélisation et de prise en compte du comportement stratégique des acteurs. Prenons le cas des compteurs électriques dits intelligents ; ils récoltent de très nombreuses données sur la consommation électrique des ménages grâce auxquelles des algorithmes de traitement peuvent conduire à de nouvelles tarifications. Mais, sitôt cette nouvelle tarification mise en place, les acteurs que nous sommes ont la possibilité de modifier leur comportement et le feront si c'est leur intérêt, comme ils l'ont fait à l'occasion de l'instauration des heures creuses et des heures pleines. Ce faisant, les données utilisées deviennent instantanément obsolètes et le travail effectué n'a qu'un intérêt limité ! Il faut donc bien sûr utiliser les données en les combinant avec un modèle de comportement des acteurs si l'on veut être pertinent. Les algorithmes sans modèle ajouté ne s'appliquent donc qu'aux situations où la création de données ne se trouve pas impactée par leur traitement.

Un exemple de progrès technologique récent montre bien le fonctionnement du deep-learning : celui de la reconnaissance d'images. Tout commence par une base de données pléthorique, en l'espèce, des photos. Admettons que l'on veuille reconnaître et distinguer des animaux (par exemple !). On gave l'algorithme d'animaux en essayant de couvrir au mieux toutes les espèces et formes possibles.

Ensuite, on soumet une image – la photo d'un éléphant par exemple – à l'algorithme en lui demandant de reconnaître de quel animal il s'agit. Le programme va alors mettre en musique son réseau de neurones pour identifier la bonne espèce. En simplifiant énormément, disons que l'algorithme comprend que les éléments *trompe + grandes oreilles + petits yeux + stature imposante* correspondent à *éléphant*. Les progrès en matière de reconnaissance d'images ont été fulgurants ces dernières années, avec des taux de réussite qui approchent les 90 % et qui concernent aussi bien les animaux que les personnes physiques ou les objets du quotidien.

Mais comment expliquer les cas où l'algorithme échoue ? Une qualité d'image médiocre peut expliquer un raté, mais pas seulement. Parfois, le programme ne reconnaît tout simplement pas l'évidence. Pour quelle raison ? La plupart du temps, c'est un mystère. Tout aussi inexplicable, et même si des progrès récents sont à noter, la traduction automatique, pourtant fondée sur le même principe, a connu un essor beaucoup plus laborieux que la reconnaissance d'images et ne fonctionne correctement que pour des langues *voisines*. Pourquoi cette différence ? Est-ce la qualité des tuyaux – la finesse du paramétrage – ou leur nombre – la quantité de paramètres – qui fait défaut, ou tout simplement le manque de véritable compréhension de ces algorithmes ? Les réponses scientifiques manquent.

Pour tenter de réduire les erreurs d'interprétation des algorithmes, certains informaticiens multiplient les tuyaux – les couches de neurones pour reprendre l'analogie cérébrale – afin d'augmenter la puissance de calculs. Mais en science informatique, la puissance ne résout pas tout. Prenons l'exemple d'un mystère qui résiste à la surenchère de puissance : la turbulence.

En mécanique des fluides, les turbulences désignent un état particulier d'un liquide ou d'un gaz semblable à un tourbillon. La vitesse, l'orientation et la localisation desdits fluides y changent en permanence. Elles apparaissent dans des contextes particuliers. Un avion de ligne qui décolle crée d'énormes turbulences derrière lui, d'où l'obligation de laisser un certain temps s'écouler entre deux décollages afin qu'elles se dissipent. Un petit avion de tourisme qui décollerait juste derrière un gros porteur pourrait être désintégré. Ces phénomènes sont très difficiles à modéliser et donc à prévoir. Mais certains scientifiques ont supposé que cette énigme plus que centenaire ne résisterait pas aux puissances de calculs permises par les machines et algorithmes de dernière génération. Or jusqu'ici, et malgré les millions dépensés par des équipes dotées de super-ordinateurs pour en venir à bout, le mystère de la mécanique des turbulences est loin d'être dissipé.

Le manque d'argument scientifique pour expliquer ces échecs n'affaiblit pas l'engouement général suscité par le traitement de données. Les progrès de la reconnaissance d'images portent l'espoir de voir un jour circuler les fameux véhicules autonomes, en leur permettant d'identifier la signalisation, l'environnement, les limites de la chaussée, etc. Malgré les annonces médiatiques quasi quotidiennes de Google, Tesla et consorts sur les avancées constatées, il paraît difficile de se satisfaire d'un taux de réussite de 90 % ou même 99 % quand des vies humaines sont en jeu. Gare à l'intox et à l'enthousiasme journalistique sur ces questions. Tant que l'on ne connaîtra pas les raisons scientifiques précises qui préfigurent à la réussite ou non d'un exercice de reconnaissance d'images ou de texte, les voitures autonomes sans chauffeur vigilant ne sont pas près d'envahir nos rues.

Si je n'ai pas la réponse définitive aux mystères qui gouvernent les échecs ou les succès du deep-learning, je sais une chose : aussi puissants soient-ils, ces algorithmes n'ont, à ce stade, rien à voir avec de l'intelligence artificielle. Aucun algorithme ne développe, à ce jour, de capacité de réflexion autonome et singulière. Dans le meilleur des cas, il est capable d'anticiper et de développer des stratégies d'adaptation pour parvenir plus rapidement à la réponse attendue. C'est déjà très fort sur le plan technologique, mais nous sommes loin de l'intelligence humaine dont nous ignorons encore dans une large mesure les ressorts. Là aussi, les progrès en neurosciences promettent des avancées à plus ou moins long terme mais il reste un long chemin à parcourir. L'intelligence artificielle n'est pas pour demain.

Au lieu de parler d'intelligence artificielle, de deep-learning ou de big-data, le terme de *meaningful data* (« données significatives ») me semblerait plus approprié. Les algorithmes actuels ne font que du traitement – très poussé, avec un nombre de données énorme et une grande finesse d'analyse –, mais rien d'autre. Ils ne sont pas capables de dénicher une information cachée, la perle dont vous ignoriez l'existence. Ils ne savent répondre qu'à une question qui leur est posée, en lien avec les données qui leur ont été soumises. Et leur capacité prédictive est limitée par manque de fiabilité.

Les applications ne sont pas infinies et les problèmes résolus que l'on met en avant pas forcément difficiles à résoudre. Mon ami et collègue le grand informaticien Gérard Berry parle souvent de *low hanging fruits* (« les fruits les plus bas », sous-entendu : on n'a cueilli que les fruits que l'on pouvait récolter sans trop de peine).

Ces limites n'empêchent pas les algorithmes de traitement de données d'envahir notre quotidien. À l'instar de ce que MFG Labs a réalisé pour Warner, les réseaux sociaux et les sites Internet à vocation commerciale ont souvent recours à des algorithmes de ce type pour mieux comprendre les habitudes des internautes et leur proposer des contenus ou services en lien avec leur profil. Les résultats sont là, et les vieilles recettes du marketing s'en trouvent profondément changées, quand bien même il ne s'agit, au fond, que de réinventer la bonne vieille carte de fidélité en la modernisant et en l'adaptant à chacun des consommateurs. Mais au-delà de la question de la valeur de ces données et des compensations éventuelles à prévoir, une autre interrogation s'impose : sur quelles bases l'algorithme me classe-t-il dans telle ou telle catégorie ? Quels sont les critères qui président aux conclusions qu'il formule sur mon profil, mes goûts, mes habitudes ?

Le logiciel Parcoursup est un autre exemple concret d'algorithme qui s'est invité dans notre quotidien et qui pose, avec des conséquences autrement plus importantes, cette même question. Destiné aux lycéens de terminale, l'algorithme reçoit les vœux d'orientation post-bac de chaque futur bachelier et définit, en fonction de différents critères – notes obtenues, lieu de résidence, etc. –, celui qui lui est finalement attribué.

Des critiques légitimes ont été formulées sur l'opacité de l'algorithme et donc des règles qui président aux résultats qu'il produit. En réponse à cette polémique, le code de Parcoursup a été rendu public en mai 2018. Je suis allé jeter un coup d'œil à celui-ci, sans non plus fouiller dans les entrailles du programme. L'algorithme m'avait l'air techniquement correct et il m'a semblé discerner quelques-unes des règles qui gouvernent son fonctionnement, comme la prise en compte de la distance entre la résidence et l'établissement. Nous avons affaire ici à une pseudo-transparence qui n'apporte aucun éclairage véritable, ni pour le grand public – incapable de déchiffrer un tel programme – ni même pour un spécialiste comme moi. Au lieu de rendre public un programme abscons et incomplet, il aurait suffi de répondre à des questions simples : quels critères sont pris en compte et avec quelle pondération ?

Cette zone d'ombre soulève en vérité la question des biais cachés, autrement dit, du paramétrage de l'algorithme, des règles du jeu qui commandent les choix qu'il effectue. Car non, le traitement de données n'est pas neutre. Il puise dans ce qu'il connaît pour créer des schémas, des modèles, des concepts, dont il va tirer des enseignements utiles pour répondre aux questions posées. C'est ici, à mon sens, que des garde-fous s'imposent en priorité. Car si la base de données comporte elle-même des biais, l'algorithme va se borner à les reproduire.

Donnons à un algorithme la photo de tous les grands scientifiques du XXe siècle. Après quoi, donnons-lui les photos de centaines d'élèves en science et demandons-lui d'identifier parmi eux les génies de demain. En s'appuyant sur ce qu'il connaît, notre algorithme ne va désigner que des hommes blancs à lunettes. Je doute qu'il faille y voir une réponse pertinente à la question de départ.

Dans un livre passionnant, *Weapons of Math Destruction*, la mathématicienne américaine Cathy O'Neil a recensé les biais de certains algorithmes de traitement de données en vigueur aux États-Unis*. L'un d'eux, censé évaluer de manière *objective* les performances de professeurs de mathématiques dans l'État de Washington, est analysé en détail par l'auteure qui explique comment il a par exemple entraîné le renvoi d'excellents enseignants. Parmi les critères du programme figuraient les études suivies par les anciens élèves de chaque professeur. À de hautes études correspondait logiquement une bonne appréciation donnée à l'enseignant. C'est oublier que certains excellents profs héritent de classes très difficiles. Leurs efforts et leur talent peuvent aboutir à des poursuites d'études honorables sans plus. Insuffisant pour l'algorithme, qui avantagera le professeur d'une classe déjà brillante dont le seul mérite sera d'être parvenu à maintenir le niveau général, voire à ne pas le faire trop baisser.

Dans ce même livre, un autre exemple de biais renforcé donne le vertige. Un algorithme utilisé par la police de plusieurs villes américaines est chargé de mettre en lumière les zones à forte criminalité en analysant les statistiques de la délinquance. Les quartiers ainsi repérés font l'objet d'une présence policière renforcée dans le but de prévenir de nouveaux méfaits. Parmi les statistiques analysées par l'algorithme figure notamment le taux d'arrestations. Mais par définition, les quartiers où ce taux est élevé sont logiquement ceux où l'activité policière est déjà forte. L'algorithme va donc créer un effet de boucle, considérant que les quartiers où la police est omniprésente doivent bénéficier… d'une présence policière renforcée. Et plus de policiers, c'est plus de délits constatés, donc plus d'arrestations et ainsi de suite. Les populations de

* O'Neil C., *Weapons of Math Destruction*, New York, Crown, 2016.

ces zones, souvent pauvres et issues de minorités, se voient stigmatisées, peinent à trouver du travail, augmentant du même coup le risque de délit, etc. L'algorithme ne se contente pas de confirmer une situation préexistante : il la renforce. Par ailleurs, ce biais ne permet de repérer que les menus larcins facilement constatables par la police – vols, petits trafics. La grande criminalité – et encore davantage la délinquance à col blanc – peut ainsi continuer à prospérer en dehors des radars.

À ce scepticisme sur les succès réels de l'intelligence artificielle, à ces inquiétudes sur les conséquences humaines et sociales de boîtes noires, vient s'ajouter ma conviction que nombre d'algorithmes seront demain disqualifiés en raison de leur voracité énergétique. Il nous faut, pour le monde des données, inventer et développer des machines et des algorithmes que l'on comprenne et qui soient le plus économes possible en consommation d'énergie.

Face à la cavalerie technologique et aux incantations des prophètes du progrès, ma position est donc celle d'une nécessaire vigilance, mais aussi d'une modestie retrouvée. En matière d'innovations scientifiques comme ailleurs, les promesses de révolutions n'engagent que ceux qui les écoutent. Je l'ai déjà dit, l'émergence d'une véritable intelligence artificielle, comparable à celle de l'Homme, n'est pas pour demain. Trop d'étapes restent à franchir, trop d'angles morts scientifiques restent à éclairer.

Certains oracles autoproclamés parient sur l'avènement de l'ordinateur quantique et la puissance de calcul colossal qu'il promet. Nous savons que la mécanique quantique fonctionne remarquablement, mais de grands physiciens comme Penrose ont eux-mêmes publiquement déclaré que l'on ne comprenait pas bien pourquoi. De la théorie de l'ordinateur quantique à sa réalisation concrète, il y a un très grand pas que l'on est loin d'avoir franchi.

C'est vrai, l'être humain est ingénieux. Mais sous bien des aspects, il n'a pas réponse à tout. Il ne comprend même pas comment il fonctionne, raisonne ou se comporte, et il n'est pas clair qu'il y parvienne totalement un jour, même aidé par de puissantes machines. La science a abattu nombre de murs qui semblaient infranchissables. Restons humbles et prudents sur la possibilité qu'aucun ne lui résiste. « On a si peu d'idées », disait Albert Einstein. Venant de quelqu'un qui n'en manquait pas, voilà qui mérite réflexion.

19
ZÉRO POINTÉ

En 2010, j'ai participé à l'Élysée à un déjeuner en l'honneur des deux médailles Fields attribuées quelques semaines plus tôt à Cédric Villani et Ngô Bào Châu, à l'initiative et en présence de Nicolas Sarkozy. J'ai déjà brièvement évoqué ce déjeuner auparavant, mais il mérite que j'y revienne et m'y attarde un instant.

Le président Sarkozy était accompagné de sa ministre de l'Enseignement supérieur, Valérie Pécresse, en poste depuis trois ans. J'étais invité en tant qu'ancien lauréat du prix. Mon camarade et co-médaillé Jean-Christophe Yoccoz s'est fait excuser pour cause de déplacement à l'étranger. Ngô Bào Châu était également absent, mais il était représenté par son directeur de thèse. Trois autres anciens lauréats français complétaient la tablée : Alain Connes (1982), Laurent Lafforgue (2002) et Wendelin Werner (2006).

L'ambiance était courtoise et feutrée. Après les félicitations d'usage et autres flagorneries à notre endroit, Nicolas Sarkozy a porté la conversation sur le terrain de la situation de la recherche, nous invitant à donner notre point de vue. Les échanges polis ont alors laissé place à un festival de langues de bois de tous les côtés. Pas tellement mon style.

Je me souviens d'un autre rendez-vous à l'Élysée, cette fois avec le haut-commissaire à l'énergie atomique, Roger Dautray, dans les années 1990, où j'avais été invité au côté de mon père, alors conseiller du ministre de la Recherche Alain Devaquet, pour débattre de l'état de la filière nucléaire. Je ne sais pourquoi j'avais été convié et j'imagine que Dautray voulait que je sois présent car il m'avait confié auparavant une mission sur l'évaluation de la recherche sur l'aval du cycle (disons pour simplifier les déchets). J'avais passé la réunion à discuter sans filet avec Devaquet, que je trouvais sympathique et intelligent, et que je n'hésitais pas à interrompre quand j'en ressentais l'envie. En sortant, mon père m'avait interpellé d'un air contrarié et sur un ton, disons... paternel. « Pierre-Louis, même si tu as des choses intéressantes à dire, on n'interrompt pas un ministre. » Ma réponse, bravache, avait fusé : « Ah oui ? Pourquoi ? »

J'ai donc pris Nicolas Sarkozy au mot, lançant un certain nombre d'idées que j'estimais intéressantes. En bon républicain, respectueux de la fonction, je considérais qu'exprimer mes idées était de mon devoir. La loi sur l'autonomie des universités, l'une des premières réformes de Valérie Pécresse, allait dans le bon sens à condition bien sûr d'aider financièrement les universités comme le voulait la ministre. Hélas, la crise financière a conduit à la suppression de cette aide indispensable et contribué significativement à la détresse financière actuelle des universités. En tout cas, j'estimais que le personnel enseignant en prise avec le terrain était plus compétent pour faire des choix judicieux pour leur propre fac qu'une poignée de bureaucrates enfermés rue de Grenelle. Le texte facilitait aussi le développement de partenariats entre recherche publique et capitaux privés, que j'appelais de mes vœux depuis longtemps. En clair, je n'étais pas en désaccord avec les orientations prises par le gouvernement de l'époque sur ces sujets – je l'étais bien davantage sur d'autres –, mais j'estimais que l'on pouvait encore aller plus loin. Ce point de vue n'était guère populaire parmi mes collègues chercheurs, et j'avais le double tort de le penser et de ne pas craindre de le dire tout haut.

Parmi mes différentes propositions, l'une d'elles me tenait particulièrement à cœur, par sa simplicité de mise en œuvre et son faible coût. Elle visait à encourager l'embauche de doctorants dans le secteur privé, en étendant le crédit impôt-recherche à tous les postes offerts à des thésards et plus seulement à ceux des services de « recherche et développement ». En France, à compétences égales, les entreprises préfèrent embaucher des ingénieurs issus des grandes écoles plutôt que des universitaires de haut niveau, trop souvent perçus comme éloignés du monde réel. C'est une idiotie, comme l'ont bien compris les entrepreneurs allemands, qui se battent pour recruter les meilleurs doctorants.

J'avais partagé cette idée avec Valérie Pécresse recueillant son assentiment de principe. C'était une ministre à l'écoute et une femme intelligente.

J'ai fait part de ma suggestion et des arguments qui l'accompagnaient au président de la République. En l'espace d'une seconde, celui-ci a écarté l'idée d'un « Non, non, ce n'est pas bon, ça. Déjà que les entreprises ne font pas assez de recherche ! » sur un ton définitif, cassant et passablement méprisant. Le malaise fut immédiat. Valérie Pécresse a fait le dos rond, gênée, n'osant contredire le patron. Les autres convives semblaient désorientés. Fin de la discussion. Je ne sais quel argument j'aurais pu opposer à une réaction aussi rapide et tranchée.

Bien sûr, je n'ai pas estimé utile de partager le reste de mes convictions. La suite du déjeuner a donc consisté en un échange de lieux communs sans friction. Au moment de prendre congé, Nicolas Sarkozy a fait le tour de l'assemblée, saluant et serrant les mains de chacun des convives. Mon tour venu, souriant, il m'a gratifié d'un « au revoir, monsieur le président » qui valait calumet de la paix. Un titre clin d'œil à mes fonctions de président du conseil d'administration de Normale Sup, qu'il venait par ailleurs de reconduire par arrêté. « Au revoir, monsieur », lui ai-je répondu avec un brin d'insolence.

Depuis le début de ma carrière, et encore davantage après la médaille Fields, j'ai participé à des dizaines de comités, commissions et autres réunions technico-politiques ayant pour thème l'enseignement supérieur et la meilleure manière de le réformer. Quarante ans passés à proposer des voies d'amélioration, des pistes de réflexion, des idées d'expérimentations. J'accompagnais toujours mes arguments de données chiffrées ou d'exemples piochés à l'étranger pour ne pas m'entendre dire « ce n'est pas faisable » et autres réactions disqualifiantes.

Bilan ? Zéro. Aucune de mes propositions n'a été suivie par aucun gouvernement, de droite comme de gauche. Je me suis époumoné en pure perte. Et le pire, c'est que je n'ai jamais sollicité la moindre participation à aucune de ces réunions. On venait toujours me chercher, louant ma connaissance du terrain, ma prétendue hauteur de vue, voire mon anticonformisme. Si je n'avais pas le sentiment d'avoir gaspillé mon temps et mon énergie, il y a fort à parier que j'en rirais.

J'ai toujours été passionné par la politique surtout sur le plan des idées. Férocement indépendant, j'ai horreur des extrêmes, ne me sens pas de droite, ne me prétends pas de gauche et me méfie d'un centre qui le plus souvent n'a de centre que le nom. Bref, l'échiquier politique ne m'intéresse pas. En revanche, les grands sujets politiques oui. Parmi ceux-ci, les questions d'éducation et d'enseignement supérieur me concernent particulièrement et je les ai toujours abordées sans la moindre idéologie. À partir de 1994, j'ai eu l'occasion de rencontrer tous les ministres successifs de l'Enseignement supérieur – de François Fillon sous le gouvernement d'Édouard Balladur, à Geneviève Fioraso dans le dernier gouvernement de Manuel Valls. Tous m'ont assuré être de grands pragmatiques au service de la seule efficacité, prêts à réformer, ne craignant pas de bousculer les conservatismes anciens et les prés carrés bien gardés. À l'exception de Valérie Pécresse et de sa réforme des universités, on ne peut pas dire que cette posture se soit traduite par des actes et des décisions marquantes…

Le pire, c'est que du courage, il n'y en avait guère besoin pour donner suite à la plupart de mes recommandations. L'une d'elles que je qualifiais de « mesurette » concernait le statut d'enseignant-chercheur, qui oblige celui-ci à rogner sur son travail de recherche pour donner des heures de cours et diriger des thèses. Pour rééquilibrer la balance, l'une de mes marottes fut de réduire les heures d'enseignement en fonction du nombre de thèses que le chercheur acceptait de diriger. Plus il dirigeait de thèses, moins il devait tenir cours par ailleurs et plus il pouvait se consacrer à ses sujets de recherche.

Simple, logique et peu coûteux. Les universités publiques californiennes appliquent ce système depuis longtemps. Tous les ministres à qui j'ai suggéré cette idée ont acquiescé. Sans jamais y donner suite.

J'ai essayé à de nombreuses reprises de porter l'attention de nos décideurs sur l'hypertrophie effrénée des publications. Dans le monde de la recherche scientifique, le nombre d'articles attribués à un chercheur constitue l'alpha et l'oméga, le socle monolithique sur lequel toute sa carrière se bâtit. Les publications forment les réputations, déterminent les recrutements, orientent les affectations, rassemblent et se substituent à elles seules à tous les critères d'évaluation objectifs du travail accompli. Ce ne serait pas si grave si la qualité importait davantage que la quantité, mais ce n'est pas le cas. D'où cette course à la publication tous azimuts, qui dépasse de loin le seul cas des chercheurs français.

À son niveau, le gouvernement pourrait néanmoins tenter d'enrayer une partie de ce phénomène. Mon idée était la suivante : interdire les listes de publications dans les candidatures aux offres de recrutement des organismes de recherche publique. À la place, le candidat présenterait une sélection de ses publications – trois ou quatre par exemple – et expliquerait à la fois le travail fourni et les motivations de ce choix. En plus de mettre en lumière la qualité plutôt que la quantité, cette façon de faire encouragerait les recruteurs à lire les publications en question, ce qu'ils renâclent à faire face à un inventaire de cent cinquante articles à l'intérêt inégal. Quelques institutions le font déjà (l'IUF, l'Institut universitaire de France et l'Inria, l'Institut national de recherche en sciences et technologies du numérique) et il s'agit simplement de généraliser ce mode de fonctionnement.

J'ai moi-même expérimenté cet écueil absurde, recevant dans ma carrière un certain nombre de candidatures. J'ai toujours préféré lire un article que d'éplucher une liste de publications. Là encore, j'ai porté cette idée simple et peu sujette à controverse, durant des années, face à des responsables politiques enthousiastes qui se sont dépêchés de ne pas l'appliquer.

Au fond, il se pourrait bien que tous ces grands commis de l'État aient été paralysés par la peur des mouvements de protestation d'étudiants et d'enseignants. De Mai 68 au fiasco du CPE, l'université – et l'école en général – est perçue comme une poudrière. À juste titre, j'en conviens. En conséquence, toutes les réformes proposées ont été de faible ampleur mais ont néanmoins réussi à mécontenter les personnes directement concernées (enseignants-chercheurs, personnel administratif et technique, étudiants) par des mesures le plus souvent absurdes et aboutissant à alourdir et rigidifier. Et ce, sans jamais aborder les problèmes de fond : quelles formations supérieures pour quels bacheliers, les moyens financiers des universités, les formations payantes, les conditions de vie des étudiants... En fait, ces questions fondamentales sont partiellement traitées et en catimini : on ne fait pas de sélection mais on met en place Parcoursup, on ne traite pas la situation calamiteuse de nombreux étudiants en matière de logement et de ressources, mais on se cache derrière des chiffres (nombre de bourses par exemple), les formations ne sont pas payantes sauf..., les universités manquent cruellement de moyens mais les engagements pris lors de la LRU (la loi d'autonomie des universités votée sous le quinquennat Sarkozy) sont oubliés en cours de route...

Tous les jeunes ont droit à une formation de qualité post-baccalauréat ce qui ne signifie pas obligatoirement une place à l'université. Il me semble que le nombre de places dans les filières sélectives comme les BTS et les IUT devrait être sensiblement augmenté, ce qui nécessite des investissements ! Comment peut-on se satisfaire que nombre de familles modestes se saignent pour des formations privées payantes de qualité très variable ? Le débat sur la sélection dans les universités s'en trouve complètement faussé. Par principe, je suis favorable à la sélection à l'entrée de l'université. Après tout, j'étais professeur à Dauphine, qui pratique la sélection depuis longtemps. Mais, je le répète, nous n'avons pas le droit de laisser des jeunes sur le bord de la route… Je suis également favorable à des études payantes à l'université pour les familles aisées avec une véritable prise en compte de la situation matérielle des étudiants issus de milieux modestes.

Parmi tout le fatras de lois et de réformes de l'enseignement supérieur, la LRU fait figure d'exception. Je suis convaincu par sa justesse mais regrette amèrement que les promesses d'accompagnement financier n'aient pas été tenues de manière durable. J'aimerais que cette logique d'autonomie aille plus loin et que les universités puissent davantage se spécialiser si elles le désirent. Le modèle des établissements multidisciplinaires n'est pas obsolète mais poussiéreux, et ne favorise pas l'émergence de filières universitaires d'excellence.

Pourtant, des précédents existent et sont des succès : l'université technique de Compiègne, créée en 1972 et spécialisée dans les formations d'ingénieurs, s'est taillé une réputation de choix chez nombre de recruteurs dans l'indifférence médiatique et politique la plus totale. De même, la réputation de

Dauphine, spécialisée dans les sciences de gestion, n'est plus à faire. Il est vrai qu'être petit et spécialisé n'aide pas pour les classements imbéciles du type Shanghai ! Divers classements des universités du monde entier sont apparus depuis une vingtaine d'années, dont celui dit de Shanghai. Fondés sur des critères très discutables, voire ineptes, ils ont pris une importance démesurée notamment aux yeux des responsables politiques…

L'autonomie des établissements éducatifs est une idée à la fois tellement saine et évidente qu'elle mériterait d'être élargie à l'enseignement primaire et secondaire. Comment peut-on encore, en 2019, mettre sur pied une réforme nationale des collèges et des lycées, comme l'a fait récemment le ministre de l'Éducation actuel Jean-Michel Blanquer ? Sans même parler du contenu qui me désespère ! Cette mentalité jacobine héritée de la Révolution est d'une absurdité sans nom. Arrêtons une fois pour toutes d'infantiliser les professeurs, que ce genre de réformes nationales technocratiques désigne de fait comme les responsables de la baisse des acquis, alors qu'ils en sont les premières victimes. Faisons-leur enfin confiance. Inspirons-nous du modèle finlandais, en tête des classements internationaux pour la maîtrise de la langue et du calcul, qui définit un tronc commun de connaissances fondamentales et laisse chaque établissement libre de transmettre ces savoirs comme bon lui semble, en fonction des particularismes régionaux, sociaux ou culturels. Tout cela constitue un changement trop radical ? Lançons des expérimentations locales en ce sens et évaluons les résultats. Qu'est-ce que ça coûte ? De quoi a-t-on peur à la fin ?

Profitons de ce transfert de compétences du ministère à l'échelon local pour réduire le champ des programmes, en valorisant la qualité des apprentissages plutôt que leur quantité. C'est peut-être ici que l'urgence est la plus significative. Il m'arrive de lire des manuels scolaires. Ce que j'y ai vu était tout simplement navrant. De la novlangue à gogo, des phrases ampoulées vides de sens, de l'infantilisation à outrance. Le règne sans partage des pseudo-sciences de l'éducation et du pédagogisme a fait des ravages, dont on paye encore dans une large mesure les conséquences désastreuses. Pour réduire les inégalités, ces gourous ont décidé qu'il fallait réduire les exigences.

J'ai observé avec un œil plus aiguisé les désastres de cette approche éducative dans les manuels de sciences. La construction des chapitres suivait toujours le même modèle : des tableaux colorés, des schémas aguicheurs, des *activités* grâce auxquelles l'élève est censé découvrir par lui-même le contenu général du cours et, à la fin, un résumé. Au milieu de ce fatras bigarré, j'avais toutes les peines du monde à trouver la trace du cours. Lorsque François Hollande était encore au pouvoir, j'ai regardé la composition de la commission des programmes, et elle m'a laissé perplexe. Doux euphémisme. Des programmes aux manuels, tout manque de transparence : le rôle et le fonctionnement de l'Inspection générale, les auteurs des manuels, le marché économique du livre scolaire… N'y a-t-il pas, sur ces questions, un devoir de transparence indispensable quand on mesure l'influence considérable des programmes et manuels sur l'éducation de nos enfants ?

Enseigner les mathématiques aux enfants et aux adolescents n'est pas simple. Je ne l'ignore pas. La façon dont les maths s'apprennent au collège ou au lycée est en grande partie responsable du désamour des élèves pour cette matière et même souvent du désintérêt pour les sciences à l'âge adulte. Je ne tiens pas les enseignants pour responsables. Ils en souffrent. Beaucoup me l'ont dit. Non seulement leur métier est difficile, mais en plus, les autorités ont décrété qu'il fallait réduire la part des mathématiques dans les programmes scolaires, une manière de confirmer la légende de l'inutilité de notre discipline et de mettre un terme à la prétendue dictature des mathématiques. C'est d'autant plus injuste que les profs de maths ne sont pas des mathématiciens ratés. Avec un diplôme supérieur de maths ou d'ingénieur, trouver du travail dans le privé est une formalité. Ceux qui font le choix de l'enseignement ne le font pas par défaut, mais bien par goût et par conviction.

Pourquoi ne pas essayer de faire moins, en maths comme dans les autres disciplines, tout en faisant mieux ? L'apprentissage de raisonnements logiques et de concepts abstraits est indispensable. De même que les démonstrations. Il faut également proscrire l'apprentissage par recettes à régurgiter. Ensuite, je crois profondément en une piste d'amélioration simple. Elle tient en une formule : raconter des histoires. Quel est le reproche le plus fréquent fait par les collégiens et les lycéens au sujet des maths ? « C'est trop abstrait. » C'est regrettable, mais on ne peut pas changer ça. Je crois d'ailleurs que vouloir exclure toute abstraction des enseignements fondamentaux serait une erreur. Réfléchir de manière abstraite, élaborer des concepts, tout cela est utile au bon fonctionnement de notre cerveau et nous rend bien des services au quotidien. Il ne faut pas disqualifier l'abstraction en tant que telle. Mais on peut la dédramatiser en racontant l'histoire vraie qui se cache derrière la découverte de ces théories en apparence obscures.

Pythagore, le théorème de Thalès, les équations algébriques, les dérivées... Tout a commencé par un questionnement parfaitement terre à terre. Même les nombres ont une histoire à nous raconter. Le calcul n'est pas apparu du jour au lendemain. Les chiffres n'ont pas surgi brutalement. De l'énumération simplifiée « un, deux, trois, beaucoup » jusqu'à l'idée d'utiliser des lettres comme les Romains. Et comme ce concept avait une limite – comment tendre vers l'infini avec les lettres d'un alphabet fini –, on a inventé de nouvelles lettres. Le zéro, lui, est arrivé bien plus tard, en Inde, vers le Ve siècle. Il faut dire que le concept même d'absence de quantité n'avait rien d'intuitif.

L'algèbre est née avec les équations algébriques. Ces dernières voient le jour au Moyen Âge, en Andalousie, pour résoudre des problèmes de type règle de trois, la mère de toutes les équations. Puis viendront les racines carrées lorsque l'on va chercher à mesurer les aires, les circonférences, les rayons. Une nécessité qui vient du développement de l'agriculture et de l'apparition contemporaines des premiers géomètres chargés de délimiter les terrains agricoles. La liste est encore longue.

Je ne connais pas une seule notion mathématique qu'on apprend au collège ou au lycée qui ne soit pas reliée à une interrogation concrète. Toutes ces histoires, en plus d'être divertissantes, ont un autre mérite : elles prouvent que nos ancêtres ont eux aussi ferraillé avec les mathématiques et qu'il leur a fallu du temps pour en maîtriser les contours et les concepts.

Je ne suis pas assez naïf pour penser qu'une telle approche suffira à faire de nos enfants des champions des mathématiques. Je sais aussi que le retard dans cette matière est plus difficile à rattraper que dans d'autres. Une fois que l'enfant a prononcé la formule « Je suis nul en maths », il est souvent déjà trop tard. Je propose donc de mettre sur pied un système de tutorat. Un tel dispositif n'est possible que si les programmes sont allégés et recentrés sur l'essentiel, comme je l'appelle de mes vœux. On pourrait imaginer mettre à contribution les étudiants en école d'ingénieur ou en fac de sciences, sur la base du volontariat, et une telle activité pourrait être prise en compte dans leur cursus. Je suis certain qu'ils seraient nombreux à se porter candidats.

Cette dernière suggestion est sans doute celle qui me tient le plus à cœur. Elle redonne de la place à deux fondamentaux indispensables pour débarrasser les mathématiques des préjugés qui leur collent à la peau : le plaisir d'apprendre et le temps. Il faut donner du temps aux mathématiques. Je crois chaque enfant capable de se familiariser avec les maths – à défaut de toujours les maîtriser – dès lors que l'on veut bien y consacrer du temps.

De cette manière peut-être, il deviendra enfin possible de remettre les mathématiques, si intimidantes, si effrayantes, si détestées, à leur juste place : celle d'une discipline abstraite qui pourtant nous aide à mieux comprendre le monde qui nous entoure.

20
UN IMPRÉVU…

Alors que j'apportais des corrections finales à ce livre, la Covid-19 s'est répandu dans le monde et a touché durement l'Europe et la France en particulier. Je ne suis ni médecin ni biologiste et ne prétends pas avoir la moindre expertise sur ce virus. Néanmoins, je considère qu'il est de mon devoir de dénoncer les mensonges, le manque de logique et l'improvisation permanente de nos gouvernants et responsables administratifs de la santé en France. L'appareil d'État a failli. Heureusement, dans des conditions souvent précaires par manque de moyens et de matériel, d'autres ont pris et continuent de prendre leurs responsabilités avec un dévouement et un sens du devoir exemplaires : les soignants bien sûr mais également les enseignants, les livreurs, les éboueurs, des maires et de nombreux autres corps de métier que je ne peux tous citer… Chacun d'entre nous le sait. Mais faut-il pour autant faire l'impasse sur les enseignements de cette crise sanitaire sans précédent qui risque d'entraîner une crise sociale et économique également sans précédent ? Certes, l'aveuglement et la désorganisation de nos dirigeants ne sont pas l'apanage de la France, mais, après avoir comparé les discours et les actes avec mes amis et collègues européens, je crains que la comparaison ne soit guère à l'avantage de notre pays.

Comme beaucoup je tire au moins deux enseignements de cette crise. Tout d'abord, il est indispensable d'entendre et d'écouter les scientifiques. Je parle des vrais scientifiques, des chercheurs, pas des responsables ou gestionnaires de la science dont les contributions de recherche sont lointaines, voire inexistantes. Deuxièmement, il faut entièrement revoir le recrutement et la formation de la « haute » fonction publique ainsi que des conseillers et cabinets ministériels.

Alors que les coronavirus avaient déjà provoqué plusieurs épidémies mondiales, les équipes de recherche françaises n'ont pas eu les moyens de maintenir une activité suffisante. Il en va tout autrement en Allemagne où la recherche scientifique est encouragée. Ce n'est donc pas étonnant que le premier test ait été mis au point à Berlin avec le concours de l'équipe de l'éminent virologue Christian Drosten. Il est devenu, depuis, le conseiller du gouvernement et ses interventions publiques régulières sont appréciées de tous (citoyens et politiques), notamment en raison de sa volonté de transparence et de ses explications. Ajoutez à cela la clarté et la précision des prises de parole d'Angela Merkel et comparez avec la France. Cet exemple prouve en tout cas qu'il est possible d'entendre et d'écouter de vrais scientifiques.

Fin janvier, l'information circule en Europe, notamment dans les cercles dirigeants, et l'Allemagne commence à se mettre en ordre de bataille avec des préparatifs qui vont en augmentant durant le mois de février. En France ? Rien ! Toutes les énergies sont mobilisées sur la réforme inutile des retraites, profondément injuste pour les chercheurs et les enseignants notamment… Commander des masques (puisque l'on a supprimé les stocks et qu'on n'en fabrique pas en France), du matériel médical (des blouses, pas des sacs-poubelle), tout ce qui est nécessaire à la réalisation de millions de tests (comme des réactifs notamment), des respirateurs… ? Vous n'y pensez pas ! D'ailleurs, les héros d'aujourd'hui étaient en grève ou dans la rue pour sauver le système hospitalier français en train de s'effondrer. Le délabrement vient de loin et le gouvernement actuel n'est pas le seul responsable. Néanmoins, il lui incombait d'agir et son plan de sauvetage fut tellement convaincant que, début février, 1 285 médecins hospitaliers chefs de service et responsables d'unité présentaient leur démission, événement historique qui, dans de nombreux autres pays, aurait entraîné la démission immédiate du ministre de tutelle. Inutile de dire que les hôpitaux n'étaient donc pas dans des conditions idéales pour affronter une telle épidémie.

Peu de temps après, les Français apprennent enfin que ce qui était connu dans les cercles gouvernementaux : un virus, dont on ignore la contagiosité et la dangerosité, commence de se répandre dans différents pays européens dont la France. On connaît la suite jusqu'à l'annonce d'un confinement strict le lendemain du premier tour des élections municipales et quatre jours après (pourquoi un tel délai ?) les premières mesures de confinement ! Les chiffres que mes collaborateurs et moi récoltions sur le web nous avaient convaincus qu'il fallait confiner et nous nous attendions à une décision de confinement au moins une semaine plus tôt, et en tout état de cause avant la date des élections. Maintenir les élections en se réfugiant derrière un avis du conseil *scientifique* ou d'une partie de l'opposition qui y voyait son propre intérêt était très dangereux pour la santé des scrutateurs et des électeurs.

Durant la période de confinement, le mathématicien que je suis, et qui a quelques connaissances en statistiques et dans les modèles mathématiques épidémiologiques, s'est régulièrement énervé (le mot est faible) devant les inepties, voire les mensonges, des membres du gouvernement ou des responsables de la santé publique.

Comprenons-nous bien : jamais je ne reprocherai à quiconque de ne pas savoir ou de ne pas comprendre. Après tout, un chercheur comme moi passe l'essentiel de son temps à ne pas savoir et à ne pas comprendre. Il est évident que de nombreuses interrogations restent sans réponse : existe-t-il des souches multiples de dangerosité significativement variable ? Une génération d'anticorps pour tous les malades ? Si ces anticorps existent, sont-ils protecteurs et pendant combien de temps ? Autant de questions fondamentales sans réponse au moment où j'écris ces lignes. Autant d'interrogations qui rendent hypothétique ou du moins assez lointaine la mise au point d'un vaccin. De nombreuses zones d'ombre subsistent sur la saisonnalité ou sur l'influence des conditions météorologiques comme la chaleur et l'humidité. Du point de vue strictement médical, les mécanismes en jeu dans les cas graves restent mal compris et l'augmentation considérable de la létalité en fonction de l'âge du patient est toujours assez mystérieuse.

Dans ces conditions, la prise de parole et de décisions est extrêmement délicate pour des responsables politiques. Mais faire semblant de savoir ou tout simplement de comprendre n'est pas admissible.

Plusieurs jours avant l'annonce du déconfinement, le ministre de la Santé déclare que 10 % de la population française a été contaminée. L'estimation est absurde car même avec un taux de létalité de 0,5 %, que je considère comme très optimiste, cela signifiait plus de 33 000 décès vers la mi-avril, ce qui fort heureusement fut loin d'être le cas. Mensonge ou incompétence ? En fait, quelques jours après cette annonce, les autorités invoquaient une étude de l'Institut Pasteur prédisant 5,7 % de la population française touchée en date du 11 mai, c'est-à-dire presque deux fois moins, un mois plus tard ! Au passage, il s'agit d'une estimation et, en l'absence de tests systématiques, la marge d'erreur est importante. Ladite étude que l'on peut consulter en ligne donne d'ailleurs une fourchette qui varie de 3 % à 10 %, ce qui aurait dû inciter à une grande prudence... D'ailleurs, le taux de létalité indiqué, c'est-à-dire le rapport du nombre de décès sur le nombre de cas, est de l'ordre de 0,5 % et même ce taux n'est pas consensuel puisque différentes études donnent des estimations allant de 0,25 % à 1,7 %.

Au-delà de situations isolées telles que l'Islande, pays insulaire, ou le *Diamond Princess*, ce navire de croisière avec ses 700 passagers touchés qui affichent des taux de 0,3 % à 1,7 %, regardons deux cas plus proches de nous, deux instantanés pris le même jour : en Allemagne, 4 105 décès pour 165 664 cas recensés, soit un taux effectif de 4,1 % ; en Corée du Sud, 252 décès pour 10 801 cas recensés, soit un taux effectif de 2,3 %. Or l'estimation dominante en France, comme en Allemagne, donne un taux à 0,5 %, ce qui signifie que la Corée du Sud, malgré une politique remarquable de tests intensifs, n'aurait détecté qu'environ un quart des personnes infectées et que l'Allemagne n'aurait identifié qu'un huitième des cas. Dans ces deux exemples, j'ai tenu compte (grossièrement) du décalage entre contamination et issues fatales. Une telle différence est-elle possible ? Une explication de ces estimations passablement contradictoires est que ce taux n'a… pas grand sens, parce que de multiples autres facteurs encore inconnus mais sans doute génétiques, climatiques, liés à la présence de différentes souches jouent un rôle important et/ou parce qu'il n'y a aucune raison de penser que la relation entre le nombre de décès et le nombre de cas soit linéaire et universelle. J'avance ces explications avec prudence, mais ma longue expérience de modélisateur m'a depuis longtemps convaincu de l'omniprésence de phénomènes non linéaires…

Autre sujet d'irritation dans les discours officiels pour un mathématicien : le taux R0, qui est si souvent revenu dans la bouche des représentants de l'État ou des gouvernants, le plus souvent accompagné de sa définition *grand public* : le nombre de personnes qu'un malade peut contaminer. Pour parler simplement, si R0 est plus grand que 1 cela signifie que l'épidémie progresse, s'il est plus petit, qu'elle régresse. Simple ? Pas vraiment. Lié aux modèles mathématiques en épidémiologie, le calcul de ce taux est extrêmement délicat et une valeur calculée a donc une marge importante d'incertitude. Ainsi peut-on dire que, grâce au confinement, le R0 est descendu à un niveau de l'ordre de 0,5 (personnellement je rajouterai « à peu près » !). Mais mettre en garde la population contre un relâchement en citant une augmentation du R0 avec un chiffre à deux décimales est ridicule. Ce genre de discours pseudo-scientifique est insupportable alors que la mise en garde elle-même a un sens et peut être énoncée simplement et clairement, sans recourir à une justification pseudo-mathématique !

Je viens d'évoquer les modèles mathématiques en épidémiologie dont je ne prétends pas être un expert. Mais, comme le disait brillamment Vincent Lindon dans son remarquable appel publié le 6 mai, si je ne suis « expert de rien », je suis néanmoins « intéressé par tout »*. Et j'en sais nettement plus que nombre de ceux fortement médiatisés qui s'en sont pris aux modélisations. Tout d'abord, critiquer des outils au seul motif qu'ils sont mathématiques, et donc forcément inutiles, est une attitude imbécile. Essayez d'imaginer une société qui, du jour au lendemain, refuserait de se servir de modèles ou d'algorithmes mathématiques : plus d'électricité, plus de transports, plus de téléphone, plus d'appareils médicaux du type scanner ou IRM, plus d'ordinateurs, plus d'Internet, plus de musique enregistrée, plus de cinéma… Si on restreint le champ de la critique aux modèles mathématiques épidémiologiques, là encore il faudrait rappeler à ces fins esprits la longue histoire de ce domaine jalonnée d'idées pertinentes et de succès indéniables pour analyser et prédire l'évolution d'épidémies. La seule question qui mérite d'être posée est celle de l'utilisation de modèles mathématiques épidémiologiques dans le cas précis de la pandémie de la Covid-19.

En effet, si se servir de modèles qui ont montré leur pertinence est utile, à cause d'un manque considérable de données

* Arfi F., « Un appel de Vincent Lindon : "Comment ce pays si riche…" », *Mediapart*, 6 mai 2020.

sur cette épidémie, il convient d'être prudent. Le risque du GIGO est très important. Rassurez-vous le virus n'attaque pas un plat traditionnel français ; il s'agit en fait du principe « *garbage in, garbage out* » : quand les données d'entrée sont de mauvaise qualité, ce qui en sort ne vaut pas mieux.

Parmi les nombreuses carences de l'État apparues à l'occasion de cette crise, il y a donc cette « réserve scientifique » que l'on aurait pu et dû mobiliser, comme le rappelait récemment avec regret mon collègue au Collège de France le microbiologiste Philippe Sansonetti. Sans doute avait-il à l'esprit les chercheurs en biologie et en médecine, mais on peut étendre son propos à de nombreuses autres disciplines, comme les mathématiques en général et les statistiques en particulier.

Un mot aussi sur la fiabilité des fameux tests PCR permettant de déterminer la présence ou non du virus chez une personne. Nous l'avons tous entendu : ils sont fiables et même très fiables ! Pas à 100 % car c'est impossible, mais pas loin ! En fait, spécialistes et praticiens évaluent leur fiabilité entre 70 et 80 %. Il faudrait deux ou trois tests pour être absolument sûr du diagnostic. Il semble ainsi que l'utilisation conjointe d'un test et d'un scanner donne d'excellents résultats.

Deux raisons à cet écart entre théorie et pratique. Tout d'abord, les prélèvements sont délicats à réaliser à tel point qu'une amie microbiologiste de talent m'a confié ses doutes sur les tests pratiqués sur les enfants. D'autre part, il semble qu'il y ait des stades de la maladie durant lesquels le virus n'est plus présent là où on le cherche. Entendons-nous bien : je ne remets pas en cause la grande fiabilité des tests PCR, mais il me semble important de l'évaluer finement.

Au-delà des chiffres, ce qui est le plus frappant là encore est la désorganisation totale du système avec la volonté de centraliser, aboutissant *in fine* à une paralysie partielle. Prenez les tests sérologiques destinés cette fois à rechercher des anticorps dans le sang. Partout dans le monde, y compris en France, des entreprises ont mis au point de tels tests dont l'efficacité a été mesurée. Et en France… rien, excepté l'utilisation de certains tests par l'Institut Pasteur pour mener des études d'ailleurs riches d'enseignements. Les tests sérologiques ne sont pas utilisés car pas assez fiables, 70 % pour les « meilleurs », nous a-t-on expliqué. Peut-être est-ce vrai pour fournir une réponse certaine à une seule personne – encore que je serais intéressé de voir ce que donnerait l'utilisation simultanée de plusieurs tests combinée à un traitement statistique, voire d'apprentissage par « IA ». Des tests systématiques et randomisés seraient sans doute très utiles pour mieux comprendre l'épidémie et son état actuel, comme a commencé à le faire l'Institut Pasteur. Là encore, tout peut et doit être expliqué. Au début du mois de mai, je me suis interrogé quand mes collègues américains m'ont annoncé qu'un test sérologique spécifique avait été évalué fiable à 100 % aux États-Unis. Ce décalage était-il dû à des procédures d'évaluation plus strictes en France, ou à l'inefficacité étatique constatée systématiquement depuis le début de la crise, ou à cause d'enjeux commerciaux considérables propices à l'action délétère des lobbys ? J'espère que nous, simples citoyens, aurons un jour le fin mot de l'histoire…

Quoi qu'il en soit, cette crise aura mis en lumière l'arrogance des autorités et par ce terme j'inclus la « haute » fonction publique, les cabinets et les conseillers, tous issus de réseaux constitués parfois dès le lycée, arrivés à des postes de décision sans avoir jamais fait leurs preuves (si ce n'est au mieux par la réussite d'un concours d'une difficulté toute relative). Des réseaux sur lesquels viennent se greffer des chaînes administratives de plus en plus lourdes malgré toutes les promesses de « simplification », qui ont naturellement dilué les responsabilités. Ajoutez-y le credo dominant d'une doctrine « néolibérale », en fait surtout comptable, qui considère que toute activité, y compris les services publics, n'est bien gérée que si elle est à l'équilibre financier, donc comptable. Sous-entendu : le privé est plus à même de le faire que l'État. En tant que fonctionnaire doté d'une grande expérience du secteur privé, j'ai pu constater que les capacités de bonne gestion étaient aussi variables dans le privé que dans le public… Dans nombre de pays, ce virus idéologique s'est diffusé dans tous les services publics : transports, santé, éducation, électricité, eau, prisons, sécurité, défense…, souvent de manière rampante. Si l'épidémie a jeté une lumière crue sur nos déficiences, il s'agit maintenant d'y remédier. Peut-être suis-je naïf mais les solutions me semblent exister : suppression des corps et de l'ENA, exigence d'expérience professionnelle y compris associative avec des salaires attractifs, réduction du nombre des strates administratives et politiques, démocratie directe, décentralisation accélérée avec véritable transfert de moyens vers les régions… J'en évoque ici quelques-uns sans les approfondir car je crois que seul un large débat citoyen doit faire émerger les réponses.

L'arrogance à l'égard de tous, mentionnée plus haut, s'exerce aussi, malgré les grands et beaux discours, vis-à-vis des chercheurs, même s'ils ont été soudainement appelés à la rescousse pour trouver un vaccin. La recherche a besoin de moyens, notamment financiers, de manière pérenne et durable. Des projets plus limités dans le temps ou dans une phase de démarrage de travaux sur un thème donné peuvent faire l'objet de financements de type ANR ou ERC mais l'essentiel ne réside pas là. Comme l'ont montré les annonces intempestives auxquelles nous avons eu droit à plusieurs reprises pendant cette crise, le fait que des institutions de recherche et/ou médicales ne soient pas dirigées par des personnes (voire des personnalités) du sérail, conduit inévitablement à des dérives administratives, voire éthiques. Tout cela, en mettant de côté les salaires ou la loi sur les retraites déjà évoqués dans les chapitres précédents, explique que les chercheurs ne se sentent pas reconnus par les pouvoirs publics de ce pays.

Malgré ce contexte, ils étaient tout de même prêts à se mobiliser dans le cadre de cette « réserve scientifique ». Las ! On les a confinés et leurs laboratoires ont été fermés. En mathématiques, les modélisateurs et les statisticiens ont néanmoins essayé d'avancer (visioconférences, séminaires, travaux personnels...), mais comment contribuer sans accès aux données (quand elles existaient) ? Les équipes biologiques et médicales disposent souvent en leur sein de compétences en statistiques et en modélisation. Était-il inutile de leur adjoindre les meilleurs mathématiciens ? Pire encore, je connais trois équipes de mathématiciens de très haut niveau qui ont proposé, dès la mi-mars, des campagnes de tests randomisés pour mieux comprendre l'épidémie et calibrer plus finement les modèles mathématiques. Une de ces demandes, appuyée par le CNRS, est remontée au ministère de la Recherche et... elle s'y est enlisée !

Si mes propos vous paraissent excessifs, mettez-les sur le compte d'une grande tristesse devant tant de gâchis et le sort que notre pays a réservé pendant cette crise aux personnes âgées. L'excès se nourrit aussi, à l'heure où j'écris ces lignes (nous sommes en mai 2020) de mon inquiétude sur la possibilité d'une longue coexistence avec ce virus et surtout de ma détermination à faire, ou au moins tenter de faire en sorte, que le *jour d'après* ne soit pas la copie conforme du *jour d'avant*, voire encore pire. Et parce que je suis convaincu que les choix des citoyens peuvent être éclairés par les connaissances mais aussi par les questionnements des chercheurs.

ÉLOGE DE LA TANGENTE

Mon père et moi n'avons jamais dérogé à la règle tacite que nous nous étions fixée : on ne parle pas de mathématiques en famille. Une fois ma carrière lancée et ses craintes sur mes capacités remisées, le sujet n'était plus tabou, mais il ne s'invitait pas naturellement dans nos conversations. Comme la plupart des pères et des fils qui vivent éloignés l'un de l'autre et ne se voient pas tous les jours, nous avions d'autres choses à nous raconter que des anecdotes de bureau, quand bien même nous partagions la même passion.

Quelque temps avant sa mort, survenue en 2001, mon père a fait une petite exception à cette règle cardinale. Il était à Grasse, dans la maison familiale où il adorait séjourner et s'adonner à un autre de ses grands plaisirs : travailler… à l'entretien du terrain. J'étais chez moi, à Paris. Mon téléphone a sonné. Après avoir pris quelques nouvelles, il m'a avoué le véritable motif de son appel : il butait sur un problème mathématique dont il ne parvenait pas à se défaire. Il voulait savoir si je pouvais lui donner un coup de main pour en venir à bout. La demande était rarissime, quasiment inédite. J'ai accepté. Avant de raccrocher pour me laisser cogiter, il m'a soumis une dernière requête.

– Si tu trouves la solution en cinq minutes, peux-tu me rendre un service ?

– Lequel ?

– Ne me rappelle pas tout de suite. Fais semblant d'avoir mis du temps, par courtoisie.

J'ai souri.

– Entendu, papa.

Mon père s'était trompé. Je n'ai pas mis cinq minutes pour trouver la solution à son problème. Il m'a fallu moins que ça car la question était « vraiment dans mes cordes ». Néanmoins, j'ai tenu promesse. J'ai patienté, laissant s'écouler une bonne heure avant de le rappeler, goguenard :

– Ça va, là ? J'ai suffisamment attendu ?

J'ai déroulé ma solution. Je l'entendais prendre bonne note. Au fil de ma démonstration, je devinais son petit air satisfait à l'autre bout du fil. « Ah oui effectivement… », a-t-il conclu. J'avais vu juste. Il m'a remercié.

Quelques mois plus tard, j'ai été nommé professeur au Collège de France, où mon camarade Jean-Christophe Yoccoz, débarqué Rue d'Ulm trois ans plus tôt, avait soufflé mon nom. Devenir professeur au Collège de France représente l'une des plus hautes distinctions de l'enseignement supérieur français. Une consécration qui m'a honoré et aurait fait la joie de mon père. Sa fierté aussi, sans aucun doute. Il est décédé quelques mois avant ma leçon inaugurale.

Le prestigieux Collège de France – où je travaille toujours à l'heure où j'écris ces lignes – est avant tout un établissement d'enseignement et de recherche presque comme les autres. J'y donne donc un cours et anime un séminaire hebdomadaire, en tant que professeur titulaire de la chaire « équations aux dérivées partielles et applications ». Bien entendu, le mot « collège » est ici un faux ami : étant donné la technicité des notions abordées, les collégiens sont rares dans l'amphi. Ils sont pourtant les bienvenus : chacune de mes leçons est ouverte à tous, gratuite et accessible sans inscription. Cette particularité fait du Collège de France un cas unique dans l'enseignement supérieur.

À 63 ans, après plus de quarante années de carrière, ni la curiosité ni la passion ne m'ont abandonné. Je poursuis mes projets de recherche, à commencer par mes travaux théoriques sur les MFG, dans le but de mieux les comprendre et d'en élargir le champ d'applications. Le temps passant, le terrain de jeu offert par les MFG apparaît de plus en plus vaste, presque inépuisable. Les avancées théoriques nourrissent en permanence de nouvelles applications et inversement.

Comme un retour aux sources des MFG, j'ai récemment participé à la création de modèles décrivant l'évolution de la production de pétrole. Un des aspects théoriques intéressants de cette étude de cas est l'obligation de prendre en compte l'influence d'un acteur dominant comme l'OPEP. Il fallait donc ajouter dans notre corpus théorique un acteur/joueur dominant en plus de la foule d'acteurs habituellement considérée dans les MFG. Une excellente illustration de développements théoriques qui vont de concert avec une application nouvelle. Il reste tant d'autres domaines où les jeux à champ moyen peuvent nous éclairer. Il est probable que je continuerai d'en explorer les possibilités jusqu'à ce que je décide d'arrêter les maths !

Je poursuis également mes collaborations avec le secteur privé. Un dernier exemple d'applications concerne les réseaux de télécommunication mobile. Le géant chinois de la téléphonie mobile Huawei m'a contacté (avec insistance). Devenue en 2018 le deuxième constructeur mondial de smartphones derrière Samsung – mais devant Apple –, la marque de Shenzhen est moins connue du grand public pour ses activités liées à l'infrastructure et aux réseaux mobiles, où ses équipes de recherche et développement figurent pourtant parmi les plus dynamiques du secteur. Sa branche française a un centre de recherches d'environ soixante-dix jeunes chercheurs qui ont tous fait une thèse en mathématiques ou en informatique. Inutile de dire que je souhaite vivement que les industriels français s'inspirent de cet exemple.

Pourquoi les MFG ? Sans entrer dans la technique, disons qu'une antenne communique avec un nombre toujours croissant d'objets connectés comme les téléphones. À court terme, on estime qu'ils seront deux millions par kilomètre carré ! Ces objets sont de plus en plus *intelligents*. Le tout constitue un débouché naturel pour la modélisation mathématique via les MFG. Les chercheurs de Huawei en France l'ont très vite compris et nous ont approchés, mon équipe et moi. Avant même de donner suite à leur demande, nous avons contacté les industriels français du domaine. Aucune réponse ! Afin d'éviter tout problème lié à la propriété intellectuelle ou à l'utilisation exclusive de connaissances scientifiques par une puissance industrielle étrangère, nous avons accepté une collaboration uniquement dans un cadre de mécénat.

Cette coopération est d'une transparence totale : Huawei finance une initiative de recherche publique menée en collaboration avec l'Institut Louis-Bachelier et le Collège de France. En clair, l'entreprise coréenne est le mécène de travaux de recherche dont les résultats sont rendus publics parce que publiés et donc mis à la disposition de tous, y compris de ses concurrents. Leur intérêt ? Susciter précisément de la recherche fondamentale de haut niveau pour faire face aux défis techniques de demain, quand bien même ils ne seront pas les seuls à en récolter les fruits. De fait, leurs actes sont cohérents avec leurs déclarations. Et ils correspondent bien à leur leadership technologique mondial.

Ce type d'investissement n'est pas un cas isolé. Même les innovations qui profitent à l'ensemble de la collectivité ne peuvent plus être financées par un État en difficulté financière dont les priorités sont manifestement ailleurs. Réjouissons-nous que cela se passe en France et au bénéfice des chercheurs français, et souhaitons que ce type de collaboration prenne de l'ampleur dans notre pays et en Europe.

Si les MFG continueront certainement de m'occuper encore longtemps, je ne suis pas à l'abri de m'égarer sur d'autres chemins dès que l'opportunité se présentera. De fait, j'explore régulièrement de nouveaux paysages qui m'enchantent tout autant que ceux que je découvrais il y a quarante ans. Après tout, je dois faire chaque année un cours de recherche entièrement nouveau au Collège de France. C'est ce qui me plaît dans ce métier : ne pas réfléchir sous l'angle de la carrière, laisser faire le hasard des rencontres et des conversations improvisées dans les colloques ou à la machine à café. Ces moments où une idée passe, sans rapport direct avec le sujet qui vous préoccupe, mais dont vous vous saisissez, sans trop savoir pourquoi, et qui ressurgira un jour – ou pas. Sans oublier la liberté presque totale du mathématicien qui peut ainsi donner libre cours à sa passion. J'ai toujours fonctionné de cette façon. Je garde un œil posé sur les modes du moment, mais elles me laissent le plus souvent indifférent. Non par posture, mais parce que ma passion des maths vient de la curiosité que suscite une idée nouvelle, un terrain vierge ou laissé en friche, et sur lequel je viens planter ma graine.

Cette place laissée au hasard, nos responsables politiques, obnubilés par la définition de « grandes priorités » dès qu'il est question de recherche et d'innovation, devraient s'en inspirer. L'histoire des sciences nous montre que certaines des plus grandes découvertes de l'humanité sont celles que personne n'avait anticipées : la pénicilline, les rayons X, le principe d'Archimède, ou l'aspirine, pour ne citer que les plus connues. Ce phénomène s'appelle la sérendipité. L'ANR, chargée de financer la recherche publique sur projets en France depuis 2005, disposait à sa création d'un budget dédié aux programmes dits blancs. Cette enveloppe venait soutenir les projets sur des sujets nouveaux ou s'éloignant des pistes déjà suivies sur un thème donné. Cette enveloppe « sérendipité » et l'appel à projets associé ont été petit à petit éliminés. Le hasard et la liberté n'ont plus la cote.

En quelques années, l'ANR s'est de plus en plus coupée de la recherche fondamentale, en tout cas en mathématiques. Opacité du processus de sélection, thèmes prioritaires étroits, tout cela nous a donné l'impression d'assister à une reprise en main par l'administration et le monde politique des choix et de la stratégie de l'Agence. Dans un environnement où les universités manquent cruellement de moyens, où les chercheurs débutants sont sous-payés, réduire la part récurrente du financement des laboratoires au profit d'un financement majoritairement par projets via l'ANR serait catastrophique pour la recherche française, sans même parler de la déperdition absurde en temps et énergie pour les chercheurs et les laboratoires du fait de la multiplication des projets. De plus, ces restrictions à la liberté des chercheurs sont obsolètes, comme l'ont compris nombre d'entreprises, à l'instar de Google qui offrent des espaces de liberté pour bénéficier justement de l'effet « sérendipité » !

Ignorant les bienfaits du hasard, nos dirigeants préfèrent donc se poser en grands stratèges omniscients. Ce faisant, ils se bornent, en réalité, à céder aux modes du moment. La dernière en date, c'est bien sûr l'intelligence artificielle. Sans surprise, Emmanuel Macron en est l'un des grands promoteurs. En septembre 2017, le gouvernement confiait un rapport sur le sujet à un certain Cédric Villani. Six mois plus tard, le député de l'Essonne rendait sa copie, entraînant l'annonce d'un « plan Intelligence artificielle », dans la grande tradition française de la planification industrielle.

Celui-ci comprenait la création d'instituts dédiés et le financement de projets de recherche innovants à hauteur de 10 milliards d'euros sur quatre ans.

Je ne veux pas ici faire de procès d'intention à une telle initiative. J'attends de voir les résultats. Mais j'admets me méfier des « plans », des « grands défis » et autres listes de priorités dont nos gouvernants se montrent si friands. Quels sont les grands défis de la recherche en mathématiques de demain ? Je n'en ai aucune idée. Et quand bien même j'aurais des préférences, les critères qui présideraient à un tel classement seraient forcément personnels et arbitraires. Ce que ce dirigisme démontre en revanche, c'est un désintérêt croissant pour la recherche fondamentale. Certains *défis* mathématiques très théoriques ne charrient en eux-mêmes aucune promesse d'applications à court terme. Leur résolution permettrait de faire progresser les sciences mathématiques et uniquement elles dans un avenir proche. Ça n'a l'air de rien et, pourtant, chaque progrès en la matière est potentiellement un coin de voile levé sur un aspect encore méconnu ou jusqu'ici incompréhensible du monde qui nous entoure.

Ce plaidoyer pour la recherche fondamentale peut paraître surprenant venant d'un matheux qui a dédié une grande partie de son temps à des problèmes bien réels. En vérité, il n'y a aucune contradiction : je sais, peut-être mieux que d'autres, que les théories d'aujourd'hui annoncent les applications de demain. Que ce qui est abstrait à nos yeux sera concret pour nos enfants. Voilà ce que je crois. L'art pour l'art ne m'intéresse pas mais l'art est indispensable. C'est sans doute à mon père que je dois cette façon de penser.

Et peut-être à ce jour où j'ai compris qu'un cylindre se cachait dans un rondin de bois.

POSTFACE

– Un bref aperçu des entretiens entre monsieur le professeur Lions (L) et Pierre-Louis (PL) –

PL – Vous permettez que je vous tutoie ?

L – Si vous voulez…

PL – Pourquoi as-tu accepté de faire ce bouquin ?

L – Vous aurez peut-être du mal à le croire, mais cela a été une décision très difficile, suivie d'instants de véritable panique quand j'ai pris conscience de la quantité de « je » dans ces pages…

PL – Bon, admettons ! Quand même c'est *le* trip égotique par excellence…

L ne répond pas et se surprend une fois de plus à penser qu'il n'aurait jamais dû accepter cet entretien.

PL – Alors pourquoi ?

L *(sur un ton professoral, voire sentencieux)* – Je voulais montrer tout simplement que les mathématiciens sont des gens comme les autres, qu'ils ont la chance d'exercer une activité avec une très grande liberté, que faire des maths c'est avant tout une affaire de passion, que les mathématiques sont utiles, nécessaires et même indispensables, que…

PL – Ok, ok ! Tu crois vraiment que tout ce fatras va intéresser quelqu'un ?

L – Olivia et Thibaut m'assurent que oui.

PL – C'est pas bien de te planquer derrière eux. Tu as une opinion perso tout de même.

L *(sur un ton vaguement contraint)* – En fait, je ne sais pas…

PL – Ça c'est un scoop ! Enfin une question sur laquelle le professeur Lions n'a pas de réponse et ne peut donc pas nous faire un cours !

L – Je vous en prie, restez poli !

PL – Quand même, on voit bien en lisant ce texte que tu te prends pas pour de la merde !

L – Petit con !

L se lève et quitte la pièce.

PLL tient à remercier l'auteure extraordinaire N. K. Jemisin pour ses livres bien sûr, mais aussi pour l'idée de cet « auto-entretien ».

REMERCIEMENTS

Ne vous y trompez pas ! Le véritable auteur de ce livre est Thibaut Raisse. Thibaut a su non seulement canaliser dans nos nombreux entretiens le bavard impénitent que je suis, mais aussi, grâce à son sens de l'enquête journalistique, me pousser à approfondir mes vagues réflexions. Merci à toi, Thibaut !

Olivia Recasens, remarquable journaliste et éditrice, m'a très habilement convaincu de me lancer dans ce projet en me faisant croire que quelques personnes pourraient être intéressées par mon itinéraire de mathématicien et surtout par ma passion des mathématiques et ma certitude absolue de leur utilité, voire de leur nécessité.

Bien sûr, ni Olivia ni Thibaut ne portent la moindre responsabilité de toutes les éventuelles inexactitudes, omissions ou erreurs présentes dans ce texte. Elles sont miennes et uniquement miennes.

Merci à Véronique « Jiminy Cricket » Sainz pour l'inestimable aide matérielle.

Ma compagne Sylvie, ses enfants Margot et Martin et bien sûr mon fils Dorian m'aident à ne jamais oublier que ma vie ne se limite pas aux mathématiques. Je ne puis trouver les mots pour exprimer mes sentiments, ma reconnaissance, ma gratitude… !

Cet ouvrage a été mis en pages par IGS-CP (16)

Achevé d'imprimer en France en septembre 2020
par Normandie Roto Impression s.a.s.
61250 Lonrai
N° d'impression : 2003506

IMPRIM'VERT®

PEFC 10-31-2541 / Certifié PEFC / Ce produit est issu de forêts gérées durablement et de sources contrôlées. / pefc-france.org